爱上数学

# 儿童理解力训练

[日]小西丰文 编著

徐丽叶 译

U0388240

黑龙江科学技术出版社

HEILONGJIANG SCIENCE AND TECHNOLOGY PRESS

黑版贸审字：08-2019-110

**图书在版编目（CIP）数据**

爱上数学. 儿童理解力训练 /(日) 小西丰文编著；
徐丽叶译. -- 哈尔滨：黑龙江科学技术出版社, 2021.6
　　ISBN 978-7-5719-0946-8

　Ⅰ. ①爱… Ⅱ. ①小… ②徐… Ⅲ. ①数学－儿童读
物 Ⅳ. ①O1-49

中国版本图书馆 CIP 数据核字(2021)第 084757 号

1 NICHI 15 FUN DE ISSHO TSUKAERU SHOGAKKO 6-NENKAN NO SANSU
Supervised by Toyofumi KONISHI
Copyright © 2017 by DORIMU-SHA
Interior illustration by Hiromi KAKE
First original Japanese edition published by PHP Institute, Inc., Japan.
Simplified Chinese translation rights arranged with PHP Institute, Inc.


爱上数学　儿童理解力训练
AI SHANG SHUXU　ERTONG LIJIE LI XUNLIAN
[日] 小西丰文 编著　徐丽叶 译

选题策划　张　凤
责任编辑　张　凤　焦　琰　马远洋
出　　版　黑龙江科学技术出版社
地　　址　哈尔滨市南岗区公安街 70-2 号
邮　　编　150007
电　　话　（0451）53642106
传　　真　（0451）53642143
网　　址　www.lkcbs.cn
发　　行　全国新华书店
印　　刷　哈尔滨市石桥印务有限公司
开　　本　880 mm×1230 mm　　1/32
印　　张　6
字　　数　130 千字
版　　次　2021 年 6 月第 1 版
印　　次　2021 年 6 月第 1 次印刷
书　　号　ISBN 978-7-5719-0946-8
定　　价　36.80 元

# 每天15分钟的积累，
# 造就更丰富的人生

　　人如果不停止学习的脚步，一生都会成长。每天向前迈一小步，日积月累，你将收获丰盈的人生。

　　本书提出的"每天15分钟，受用一生"的理念，与"日积跬步"这一理念相辅相成。对于青年人来说，本书可以用作查漏补缺和头脑训练的工具；对于小学生和中学生来说，本书是巩固知识、提高成绩的武器；对于父母来说，本书是辅导孩子功课的好帮手……这本书适合有不同需求的各类人群阅读，希望本书可以帮助大家充实知识、丰富生活。

前言

"小学数学题你会做吗？"问成人这个问题，经常得到如下的回答。

"上小学的时候会，现在都忘了，特别是小学高年级的内容，其实挺难的，有时候实在不知道怎么解。"

"我自己大概知道怎么解，就是不知道怎么给孩子讲明白。"

你呢？

的确，上小学是很久以前的事了，这么多年过去了，学习的内容遗忘了不少。而且，随着教学大纲的不断修订，现在的内容和我们那时候学的已经很不一样了。还有人说，学过中学阶断的数学，知道如何用中学阶断的数学方法解题，但用单纯的算数法就不会解了。比如，有的父母会用方程式来解题，但不用方程式的话，就不会了，不知道该如何给小学阶段的孩子辅导。

在小学阶段，数学难度随年级的增加而增加。孩子在积累的过程中，建立起数学的思维系统。新的知识是前面学过的内容的扩展和延伸，因此，如果前面有的地方没弄懂，就会影响后面的学习。举个例子，学分数的加法，如果不会解同分母分数的加法，那么不同分母分数的加法就更不会了。这是因为，不同分母分数的加法，需要先通分成同分母分数，然后再相加。其实，学完小学的全部内容之后再重新梳理，不断地总结回顾，就会大大提高学习的效率。

本书梳理了小学期间学习的知识点，将各部分内容概括整理。比如，学习整数的时候，学校里是一个学期教1~100，一个学期教1万以内，一个学期教到1亿，一个学期教到兆这个单位。但在本书中，一口气将1到1兆全部整理出来，同时总结出整数的位数和计数法，也就是说，将小学多个学期的内容重新整合，这些也是学习中学数学的基础。

　　本书除了适合小学生阅读之外，也适合那些为了提高中学数学成绩、想要重温小学数学的中学生，以及那些想要辅导小学生而打算重新学习小学数学的成年人。每天只需要花15分钟就能弄明白一个知识点，用不了多长时间就能学完小学全部的数学课程。每天拿出宝贵的15分钟，先把小学的数学弄明白吧！

　　本书的每一节先从一个基本的"问题"开始。大家可以先搜索一下自己脑中残留的记忆，看看是否能解答；接下来，读一读"提示"部分，看看能否找到解题思路；然后，看看与该知识点有关的"重点详解"，这一部分是对知识点的扩充，深入挖掘解题思路；"一生受用的××知识"这个环节，提取日常生活中与该知识点相关的有趣话题，引人思考，提高学习的趣味性；最后，通过基础的习题来考察自己是否已经彻底掌握。这就是每一节的基本配置。按照这一系列的步骤循序渐进地学习，彻底弄懂弄通每个知识点。全书总计31节，每节只需要15分钟！通过不断地重复巩固，可以"受用一生"。

**小西丰文**

# 本书使用方法 -------------------------------

　　本书梳理了小学阶段数学课学习的重点内容，概括整理成31个主题。每个主题用时15分钟就能全部掌握。试试看，每天15分钟，攻克一个难题！

> 这是本单元学习的主要内容

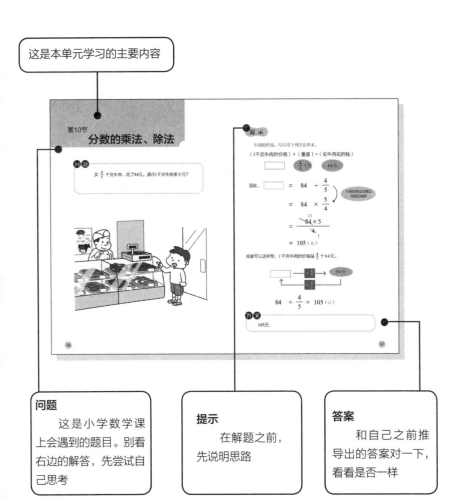

**问题**
　　这是小学数学课上会遇到的题目。别看右边的解答，先尝试自己思考

**提示**
　　在解题之前，先说明思路

**答案**
　　和自己之前推导出的答案对一下，看看是否一样

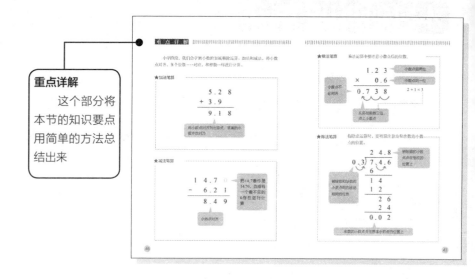

**重点详解**

这个部分将本节的知识要点用简单的方法总结出来

**练习题答案** 做错了的话，返回去看看"重点详解"部分

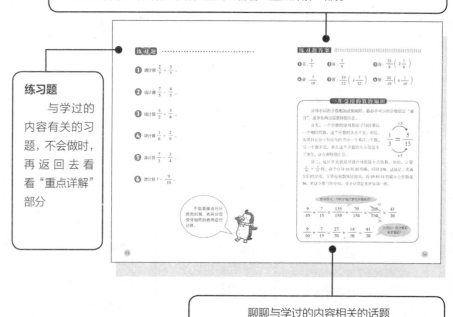

**练习题**

与学过的内容有关的习题，不会做时，再返回去看看"重点详解"部分

聊聊与学过的内容相关的话题

# 目 录
# Contents

## 第1章　数的结构

## 第2章　计算

# 第3章　图形

# 第4章　测量、单位

# 第5章　变化与关系

## 第6章　数的活用

## 第7章　应用题

# 第 1 章

## 数的结构

第1节

# 数的结构

**问题**

　　某地，随着产业的发展，现阶段人口是50年前的10倍。下列数字是50年前的人口数。那么现在的人口是多少？大声说出你的答案。

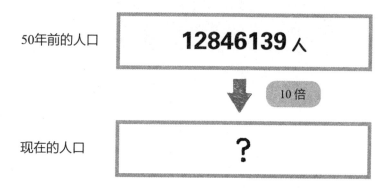

50年前的人口 ┃ **12846139 人**

↓ 10 倍

现在的人口 ┃ **?**

一个数的10倍，如何表示呢？先写一下试试吧！

2

## 提 示

★ 一个数的 10 倍，也就是使它的位数增加 1 位。

| 一万 | ............... | 1 | 0000 | |
|---|---|---|---|---|
| 十万 | ............... | 10 | 0000 | 10倍 |
| 百万 | ............... | 100 | 0000 | 10倍 |
| 千万 | ............... | 1000 | 0000 | 10倍 |
| 一亿 | ............... | 1 0000 | 0000 | 10倍 |

★ 从每 4 位断开来看，每个部分是"个、十、百、千" 4 种单位的循环。从每一万倍断开来看，则是以"万、亿、兆……"为单位。

| | | | | 1 | 2 | 8 | 4 | 6 | 1 | 3 | 9 | 0 |
|---|---|---|---|---|---|---|---|---|---|---|---|---|
| 兆位 | 千亿位 | 百亿位 | 十亿位 | 亿位 | 千万位 | 百万位 | 十万位 | 万位 | 千位 | 百位 | 十位 | 个位 |

## 答 案

| 1 | 2 8 4 6 | 1 3 9 0 | |
|---|---|---|---|
| 一亿 | 二千八百四十六万 | 一千三百九十 | 人 |

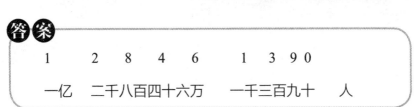

```
1 2 8 4 6 1 3 9    乘以10，变成
↓ ↓ ↓ ↓ ↓ ↓ ↓ ↓
1 2 8 4 6 1 3 9 0
```

读法是，

| 1 | 2 8 4 6 | 1 3 9 0 |
|---|---|---|
| 一亿 | 二千八百四十六万 | 一千三百九十 |

**重 点 详 解** ||||||||||||||||||||||||||||||||||||||||||||||||||||||||||||||||||

　　在小学阶段，随着学习难度逐渐增大，学生们要逐步学习下面这些数的结构。

10个1是10

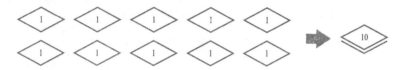

10个10是100

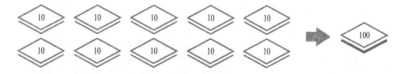

10个100是1000

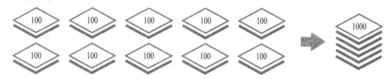

10个1000是10000

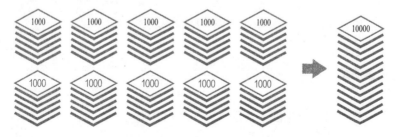

10个数集合在一起（一个数的10倍），则位数增加1位；一个数分成了10份（一个数的十分之一），则位数减少1位。

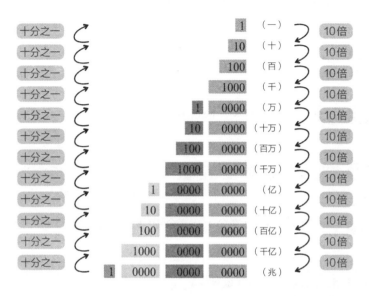

"个、十、百、千"的循环产生了新的单位。小学期间，我们只学习兆以内的单位，其实还有很多更大的数的单位。

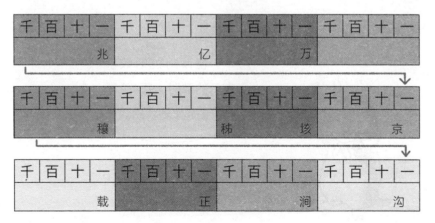

# 练习题 ••••••••••••••••••••••••••••••••••••••

**1** 请读出这个数字：93274563658000。

**2** 请写出 4576000 的 100 倍，并准确读出。

**3** 将 80 亿分成 100 份，请写出这个数字。

**4** 请写出 7000 亿的 10 倍。

**5** 请写出 2 个 1000、7 个 100、9 个 10、8 个 1，这些数的总和是多少。

**6** 请写出 637 个 100 是多少。

**7** 请写出 2 兆的十分之一。

在读阿拉伯数字表示的数时，每4位断开，读起来更容易。

❶答：九十三兆 二千七百四十五亿 六千三百六十五万 八千

❷答：457600000；读法是，四亿 五千七百六十万

❸答：8000万（80000000）

❹答：7兆（7000000000000）

❺答：2798

❻答：63700

❼答：2000亿（200000000000）

## 一生受用的数的知识

1. 十进制计数法

由于人们常用十个手指来记数的缘故，许多民族都采用了"满十进一"的记数法，这就是十进制计数法。

2. 其他进位制

在识数制度中，除了"满十进一"的十进制外，有的民族还曾采用过"满五进一"的五进制，"满十二进一"的十二进制和"满六十进一"的六十进制等。现在，在某些地方而仍保留十二进制和六十进制的痕迹。例如，有些商品是十二个为一打；在时间单位方面，六十秒是一分，六十分是一小时；角的单位也是六十进制的。

# 第2节
# 分数

**问题**

现有橙汁 $1\frac{2}{5}$ 升和苹果汁 $\frac{5}{4}$ 升。请问，橙汁和苹果汁，哪个量更多？

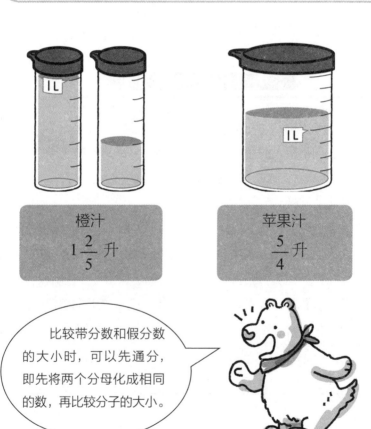

橙汁
$1\frac{2}{5}$ 升

苹果汁
$\frac{5}{4}$ 升

比较带分数和假分数的大小时，可以先通分，即先将两个分母化成相同的数，再比较分子的大小。

★假分数和带分数的互化。

| 带分数→假分数 | 假分数→带分数 |

$$1\frac{3}{8} = \frac{11}{8} \qquad \frac{5}{3} = 1\frac{2}{3}$$

★分母不同的分数，先进行通分使分母大小一致。

要判断 $\frac{4}{7}$ 和 $\frac{5}{9}$ 哪个分数大，直接判断比较困难，

$\frac{4}{7} = \frac{36}{63}$ ，$\frac{5}{9} = \frac{35}{63}$ ，这样将分母统一，

然后比较分子的大小即可。

$\frac{36}{63}$ 和 $\frac{35}{63}$ 相比，$\frac{36}{63}$ 更大一些，

所以，推断出 $\frac{4}{7}$ 更大。

 答案

橙汁

将橙汁和苹果汁的分数进行整理，

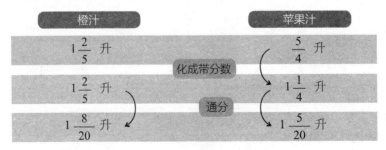

| 橙汁 | | 苹果汁 |
|---|---|---|
| $1\frac{2}{5}$ 升 | | $\frac{5}{4}$ 升 |
| $1\frac{2}{5}$ 升 | 化成带分数 | $1\frac{1}{4}$ 升 |
| $1\frac{8}{20}$ 升 | 通分 | $1\frac{5}{20}$ 升 |

$1\frac{8}{20}$ 升和 $1\frac{5}{20}$ 升相比，$1\frac{8}{20}$ 升更多一些。

将原来的量等分成数份，可以用分数来表示。

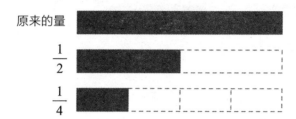

相等的量的分数可以用不同的分母来表示。

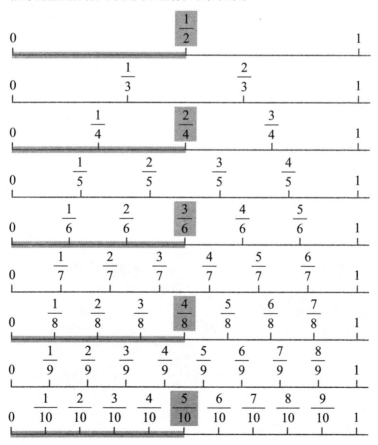

分数分为真分数和假分数。其中，假分数有两种表现形式：

1. 整数加上真分数来表示的分数（又称带分数）

$2\frac{3}{5}$ （读法：二又五分之三）

2. 分子大于分母的分数

$\frac{9}{7}$ （读法：七分之九）

假分数两种表现形式的相互转换：

1. 以 $2\frac{3}{5}$ 例

因为 $2=\frac{10}{5}$，$\frac{10}{5}+\frac{3}{5}=\frac{13}{5}$

2. 以 $\frac{9}{7}$ 例

$\frac{9}{7}$ 中，因为 $\frac{7}{7}=1$，加上剩余的 $\frac{2}{7}$（即 $\frac{9}{7}-\frac{7}{7}$），即为 $1\frac{2}{7}$

比较分母不同的分数，先进行通分，即将分母和分子同时乘以相同的数，使分母相同。

例如，将 $\frac{3}{5}$ 和 $\frac{1}{6}$ 进行通分，

$$\frac{3}{5}\xlongequal[\times 6]{\times 6}\frac{18}{30} \qquad \frac{1}{6}\xlongequal[\times 5]{\times 5}\frac{5}{30}$$

分子和分母同时乘以一个相同的数，分数的大小保持不变。

## 练习题 • • • • • • • • • • • • • • • • • • • • • • • • • • • • • •

**1** 下列分数中，哪一个分数和 $\frac{2}{5}$ 一样大小？

$$\frac{4}{6} \;, \quad \frac{2}{7} \;, \quad \frac{4}{10}$$

**2** 将 $1\frac{2}{9}$ 改成假分数形式。

**3** 将 $\frac{8}{7}$ 改成带分数形式。

**4** $\frac{7}{6}$ 和 $\frac{7}{8}$ 相比，哪个分数更大？

**5** $2\frac{2}{3}$ 和 $\frac{20}{9}$ 相比，哪个分数更大？

**6** 下列分数中，比 $\frac{5}{9}$ 大的分数是哪个？

$$\frac{4}{7} \;, \quad \frac{3}{8} \;, \quad \frac{5}{10}$$

直接计算比较困难时，可以画线段图来帮助做题。

❶ 答 : $\dfrac{4}{10}$     ❷ 答 : $\dfrac{11}{9}$

❸ 答 : $1\dfrac{1}{7}$     ❹ 答 : $\dfrac{7}{6}$

❺ 答 : $2\dfrac{2}{3}$     ❻ 答 : $\dfrac{4}{7}$

## 一生受用的数的知识

在日常生活中，常常用分数来表达"比例"，例如"三分之一汤匙"等；而表达作为数值的零头时，通常采用小数，据说这是数的读法统一采用十进制的缘故。

在英语中，分数的表达如下 :

分数
fraction

$\dfrac{2}{3}$ ← 分子 numerator

← 分母 denominator

三分之二=two thirds

# 小数

**问题**

从山下车站到山顶，有如下A、B两条郊游路线。从车站到山顶，哪条路线较短？

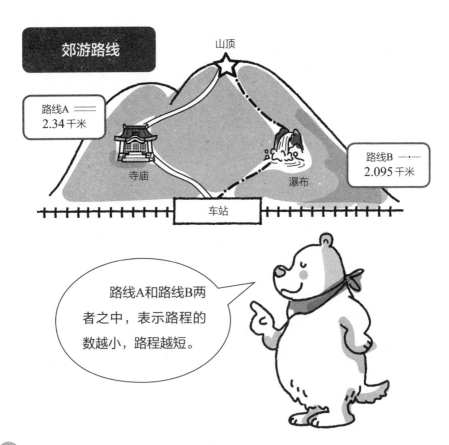

**郊游路线**

山顶

路线A —— 2.34千米

路线B —·— 2.095千米

寺庙

瀑布

车站

路线A和路线B两者之中，表示路程的数越小，路程越短。

## 提 示

★ 判断小数的大小，先要将小数点对齐。

| | 0 . 8 2 |
| 1 . 5 4 3 |

小数点错位 ✕ ➡ 小数点对齐

| | 0 . 8 2 |
| 1 . 5 4 3 |

★ 从最大的位数开始逐一比较大小。

| 个位 | $\frac{1}{10}$ 位 | $\frac{1}{100}$ 位 | $\frac{1}{1000}$ 位 |
|------|------|------|------|
| 0 | 8 | 2 | 0 |
| 1 | 5 | 4 | 3 |
| ↑① | ↑② | ↑③ | ↑④ |

## 答案

路线B

2.34千米和2.095千米哪个短，对齐小数点后进行比较。

| 个位 | $\frac{1}{10}$ 位 | $\frac{1}{100}$ 位 | $\frac{1}{1000}$ 位 |
|------|------|------|------|
| 2 | 3 | 4 | 0 |
| 2 | 0 | 9 | 5 |

相同        0小一些

由此可见，2.34和2.095相比，2.095更小。

随着学习的深入，我们会陆续学习 $\frac{1}{10}$ 位、$\frac{1}{100}$ 位，位数越来越小。

将1升分成十等份，每一份是0.1升。

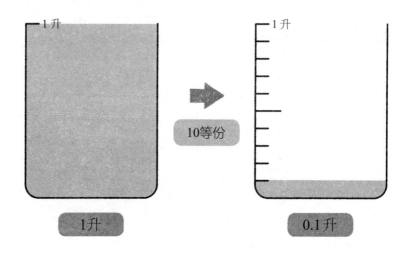

小数和整数一样，都采用十进制。

取一个数的 $\frac{1}{10}$，可以产生新的位数。

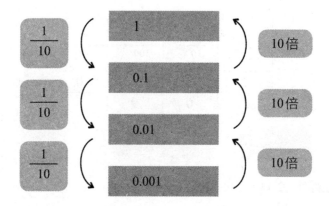

小数的结构，和整数是差不多的。

**53.149** 这个数，

是由5个10、3个1、1个0.1、4个0.01、9个0.001组成的。

"小数点后第一位"指的是十分位，"小数点后第二位"指的是百分位，

"小数点后第三位"指的是千分位，以此类推。

比较数的大小的时候，从最大的一位开始按顺序依次进行。

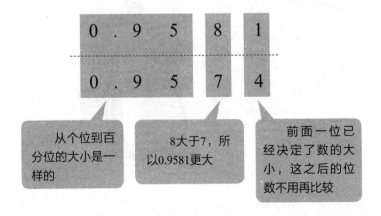

**练习题** • • • • • • • • • • • • • • • • • • • • • • • • • • • • • • • • • • • • • •

**1** 请写出0.5的 $\frac{1}{10}$ 。

**2** 请写出3.4987这个数中"8"是哪一位。

**3** 请比较8.217和8.253这两个数哪个大。

**4** 请用不等号表示出1.028和0.128这两个数的大小。

**5** 请用不等号表示出2.538和2.574这两个数的大小。

不等号的使用
方法：
大>小；
小<大。

❶ 答：0.05

❷ 答：千分位（小数点后第三位）

❸ 答：8.253

❹ 答：1.028＞0.128

❺ 答：2.538＜2.574

## 一生受用的数的知识

　　分数，是伴随着古代人类文明而产生的。与此相比，小数则是后起之秀。16 世纪，小数才诞生，那时的表示方法和现在有所不同。举个例子，5.34 这个小数，最初是用"5｜34"来表示的，后逐渐演变成了现在的样子。

　　在日常学习中，像"1.34"和"0.62"这种我们就称之为小数。但是，小数原本的意思是指不满单位"1"的部分，也就是比 1 小的数。现在，我们则把比 1 小的小数叫作"纯小数"，比 1 大的小数叫作"带小数"，以此来区分。

| 纯小数 | 比 1 小的小数，如 0.3，0.26 等。 |

| 带小数 | 比 1 大的小数，如 1.6，2.81 等。 |

## 第4节

# 偶数、奇数、倍数

问题

饼干盒和巧克力盒并排放置在一起。饼干盒高3厘米，巧克力盒高5厘米。如果让饼干盒和巧克力盒第一次达到相同的高度，分别需要几个饼干盒和几个巧克力盒？

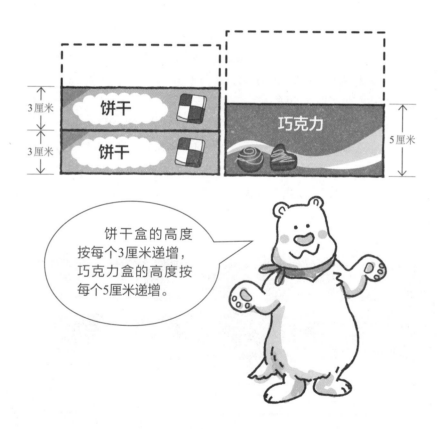

饼干盒的高度按每个3厘米递增，巧克力盒的高度按每个5厘米递增。

## 提 示

★ 以 $x$ 厘米递增，也就是说，总的高度就是 $x$ 的倍数。

| 1个 | 2个 | 3个 | 4个 |
|------|------|------|------|
| 3 厘米 | 6 厘米 | 9 厘米 | 12 厘米 |

+3 厘米　　+3 厘米　　+3 厘米

★ 2 和 3 的倍数列出如下：

2的倍数：… 2，4，⑥，8，10，⑫，…

3的倍数：… 3，⑥，9，⑫，…

> 2和3的公倍数是6,12,…

 **答案**

饼干盒5个，巧克力盒3个

求 3 和 5 的最小公倍数。

3的倍数：… 3，6，9，12，⑮，18，21，…

5的倍数：… 5，10，⑮，20，…

也就是说，不断地叠加盒子，第一次达到相同高度的时候，是 15 厘米的时候。要使盒子达到 15 厘米的高度，饼干盒需要 5 个，巧克力盒则需要 3 个。

| | 1个 | 2个 | 3个 | 4个 | 5个 |
|------|------|------|------|------|------|
| 饼干盒 | 3 厘米 | 6 厘米 | 9 厘米 | 12 厘米 | ⑮ 厘米 |
| 巧克力盒 | 5 厘米 | 10 厘米 | ⑮ 厘米 | 20 厘米 | 25 厘米 |

根据规则的不同，整数可以有不同的分类。根据奇偶不同，整数可以分为奇数和偶数。

奇数是指不能被 2 整除（除以 2 后余 1）的整数，偶数是指可以被 2 整除的整数。

要特别注意的是，0 和 1 也可以归类在偶数和奇数里面，0 是偶数，1 是奇数。

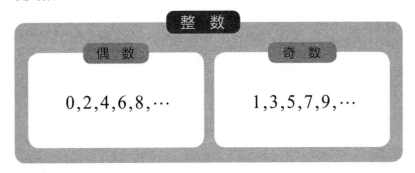

可以被 3 整除的数，我们称之为"3 的倍数"。

3 的倍数有很多，3，6，9，12…

3 的倍数可以被 3 整除。在讨论倍数的时候，我们不考虑"0 的倍数"或"某个整数的 0 倍"这两种情况。

3的倍数

有些数既可以是 5 的倍数，也可以是 6 的倍数，我们称之为 5 和 6 的公倍数。

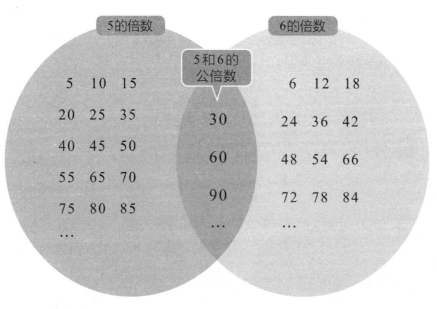

公倍数中最小的数，我们称之为最小公倍数。

5和6的最小公倍数是 **30**。

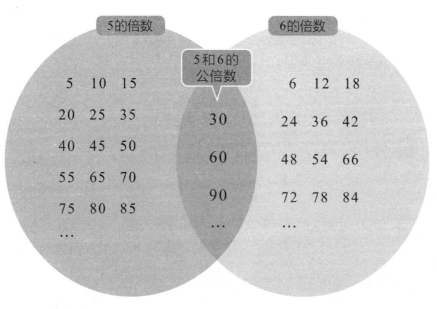

•••••••••••••••••••••••••••••••••••••••

**1** 请选出下列数中所有的偶数。

$$0, \quad 3, \quad 8, \quad 41, \quad 56$$

**2** 请选出下列数中所有的奇数。

$$5, \quad 12, \quad 16, \quad 21, \quad 34$$

**3** 请选出下列数中所有 7 的倍数。

$$15, \quad 24, \quad 28, \quad 32, \quad 49$$

**4** 请按从小到大的顺序依次写出3个4和6的公倍数。

**5** 请写出5和7的最小公倍数。

**6** 请写出8和12的最小公倍数。

从最小的倍数开始依次列出，便于查找。

**1** 答：0，8，56

**2** 答：5，21

**3** 答：28，49

**4** 答：12，24，36

**5** 答：35

**6** 答：24

## 一生受用的数的知识

遇到比较大的数，要想知道这个数是不是某个数的倍数，有时不用做除法也可以。

**2的倍数** 个位数是偶数

54，138，149572

**3的倍数** 各位数字之和是3的倍数

132 → 1 + 3 + 2 = 6（6是3的倍数）

**4的倍数** 末尾两位是4的倍数

198516（16是4的倍数）

**5的倍数** 个位是0或5

825，568120

**9的倍数** 各位数字之和是9的倍数

567 → 5 + 6 + 7 = 18（18是9的倍数）

# 约数

**问题**

　　有18块饼干和24块巧克力。现要将其分成相等的份数，装到相同数量的袋子里。如果想装尽可能多的袋子，并且没有剩余，那么每袋应装几块饼干和几块巧克力呢？

| 饼干18块 | 巧克力24块 |
|---|---|

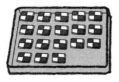 

　　如果能把18块饼干和24块巧克力平均放进相同数量的袋子中，就能全部装下没有剩余。

## 提 示

★ 我们先找出可以将 18 和 24 整除的整数。

可以将18整除的整数=18的约数
可以将24整除的整数=24的约数

18的约数：1，2，3，6，9，18

24的约数：1，2，3，4，6，8，12，24

★在两个数的约数中，我们要找到相同的数。

18的约数：①，②，③，⑥，9，18

24的约数：①，②，③，4，⑥，8，12，24

18和24的最大公约数是6

## 答案

饼干3块，巧克力4块

18和24的最大公约数是6，所以，

18的约数：1，2，3，⑥，9，18

24的约数：1，2，3，4，⑥，8，12，24

用6个袋子装，可以将所有的饼干和巧克力平均分配。

**饼干**　18块÷6袋＝3块/袋

**巧克力**　24块÷6袋＝4块/袋

约数的出现是帮助我们了解某个数可以被哪些数整除。比如，可以整除 8 的整数，就是 8 的约数。

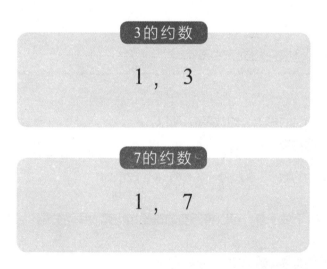

**8的约数**

$$1 , 2 , 4 , 8$$

8 有 4 个约数。每个数的约数，都包含 1 和它本身。

有一些数的约数只有 1 和它本身。

比如 3 和 7，除了 1 和它们本身之外，没有其他的约数，这种数我们称之为"质数"。

**3的约数**

$$1 , 3$$

**7的约数**

$$1 , 7$$

一个数同时是几个数的约数，那么这个数就叫作这几个数的"公约数"。

9 的约数：①，③，⑨

18的约数：①，2 ，③，6 ，⑨，18

9和18的公约数是1，3和9

3个数也可以有它们的公约数。

9 的约数：①，③，9

12的约数：①，2 ，③，4 ，6 ，12

18的约数：①，2 ，③，6 ，9 ，18

9，12和18的公约数是1和3

公约数中，最常被用到的是最大公约数，也就是公约数中最大的那个数。

9 的约数：①，③，9

18的约数：①，2 ，③，6 ，9 ，18

9和18的最大公约数是9

••••••••••••••••••••••••••••••••••••

**1** 请从下列数中选出所有的质数。

4 ， 9 ， 11 ， 17 ， 21

**2** 请写出10的所有约数。

**3** 请写出8和12的公约数。

**4** 请写出16和28的最大公约数。

**5** 请写出16和24的最大公约数。

**6** 请写出17和21的最大公约数。

约数的数量是有限的，试着把它们都写出来吧!

❶ 答：11，17          ❷ 答：1，2，5，10

❸ 答：1，2，4          ❹ 答：4

❺ 答：8                ❻ 答：1

### 一生受用的数的知识

有时候，要想找出一些较小的数的约数，可以用下面这种诀窍。

约数是将原本的数切割成几份，那么反过来想，约数乘以某个整数就可以得到原本的数。举个例子，用8的约数2去乘4，就得到了原本的8。那么，这个用来被2乘的4也是8的约数。

#### 找到24的约数的方法

我们要找到24的约数，从1开始，把相乘等于24的数都列出来，它们都是24的约数。

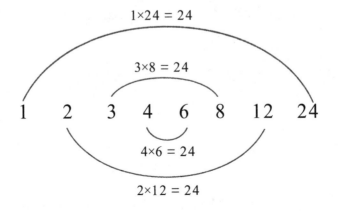

$$1 \times 24 = 24$$

$$3 \times 8 = 24$$

1    2    3    4    6    8    12    24

$$4 \times 6 = 24$$

$$2 \times 12 = 24$$

第6节

# 概数·四舍五入

**问题**

小学校举办了一场外出远足活动。共有112人参加活动，本次活动中每人需交37元活动费。问一共大概需要多少钱？人数和金额都四舍五入到左边第一位。

金额：每人37元

人数：112人

## 提 示

★四舍五入到左边第二位时，

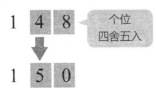

个位数是5,6,7,8,9时要进一位

个位数是0,1,2,3,4时要舍去

★四舍五入到左边第一位时，

我们说四舍五入到第一位，是指将第二位的数四舍五入。

约4000元

37和112分别四舍五入到第一位，

37 ➡ 40          112 ➡ 100

（每人约40元）×（人数约100人）=4000（元）

按实际的数来计算，是

37×112 = 4144

实际的计算结果与四舍五入后的结果并没有很大区别。

## 重点详解 ||||||||||||||||||||||||||||||||||||||||||||||||||||||||

概数是指一个数的估计值。很多场合用概数来表示更方便，比如国家的人口总数、足球比赛的入场人数、图书的发行量等。

我们要将一个数精确到某一位，就要将这一位的下一位数字四舍五入。

四舍五入的时候，要精确到某一位，我们就看它的下一位，下一位是 0，1，2，3，4 就舍去，下一位是 5，6，7，8，9 就进一位。

将 5217，5759 分别用 5000，6000 的概数来表示，可以使我们对数的大小的概念更为清晰。

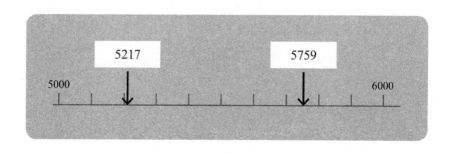

用概数来表示数的时候，要充分考虑这个概数所包含的范围。

四舍五入到百位时，举个例子，概数是 500 的数，从 450 到 549 都是。

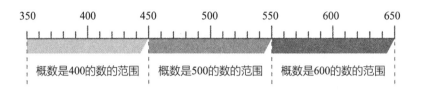

除了"范围"这个概念之外，还有几个概念在生活中经常用到：

**以上** 500 以上，是指大于或等于 500 的数。

**以下** 500 以下，是指小于或等于 500 的数。

**不到** 不到 500，是指小于 500 的数（不包含 500）。

在计算加法和减法的时候，当我们要用概数表示时，在计算前，先将各数的概数求出来，然后再进行计算。

例如，求 128946 + 241913 四舍五入到万位的概数时，

128946 ➡ 130000        241913 ➡ 240000

130000 + 240000 = 370000 （约 370000）

计算实际的数时，

128946 + 241913 = 370859

与四舍五入后的结果相差无几。

**练 习 题** • • • • • • • • • • • • • • • • • • • • • • • • • • • • • • • • • • • • •

**1** 请写出162759四舍五入到万位的概数。

**2** 请写出519375四舍五入到第二位的概数。

**3** 用"以上""以下"和"不到"，写出四舍五入到百位是300的整数的范围。

**4** 请写出17832−5394进到千位的概数。

**5** 请写出28173÷319进到左边第一位的概数。

**练 习 题 答 案** ||||||||||||||||||||||||||||||||||||||||||||||||||||||||||

**1** 答：160000　　　　　　　**2** 答：520000

**3** 答：250以上349以下（250以上、不到350）

**4** 答：13000　　　　　　　**5** 答：100

# 第 2 章

## 计算

## 第7节
# 整数的计算

**问题**

　　某学校有三年级学生44人、四年级学生46人，一起乘车去水族馆。车票价格是60元每人，三、四年级学生的车费一共是多少钱？

到水族馆

三年级学生
44人

四年级学生
46人

车票价格
60元每人

　　解题时要注意计算的顺序。

**提 示**

　　有两种解法，一种是整体计算，一种是分别计算，具体如下。

★整体计算法

　　首先，求出去水族馆的三年级和四年级学生一共有多少人。接下来，再将每人的车费和总人数相乘，得出所有人的车费。

$$44 + 46 = 90 \text{（人）}$$
$$60 \times 90 = 5400 \text{（元）}$$

也可以用一个算式表示：

$$60 \times (44 + 46) = 5400 \text{（元）}$$

★分别计算法

　　分别先求出三年级学生的车费和四年级学生的车费，然后把两个部分相加，得出所有人的总车费。

$$60 \times 44 = 2640 \text{（元）}$$
$$60 \times 46 = 2760 \text{（元）}$$
$$2640 + 2760 = 5400 \text{（元）}$$

也可以用一个算式表示：

$$60 \times 44 + 60 \times 46 = 5400 \text{（元）}$$

**答案**

　　5400元

**重 点 详 解** ||||||||||||||||||||||||||||||||||||||||||||||||||||||||||||||||

我们在小学，会学习加法、减法、乘法和除法的笔算。在计算加法和减法时，如果数的位数比较多，则将各位一一对应按顺序进行计算。

★加法的笔算

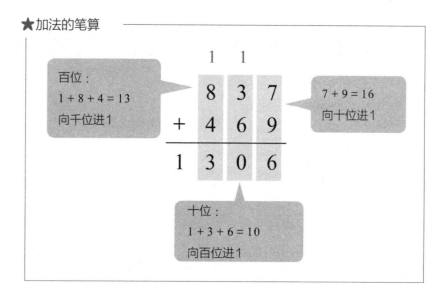

★减法的笔算

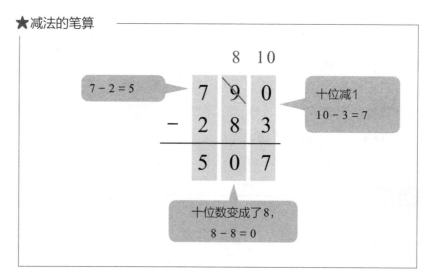

★乘法的笔算　先将每一位相乘，然后求和。

$$
\begin{array}{r}
1\ 6 \\
\times\quad 2\ 7 \\
\hline
1\ 1\ 2 \\
3\ 2\ 0 \\
\hline
4\ 3\ 2
\end{array}
$$

$7 \times 16 = 112$

$20 \times 16 = 320$

这个0不用写出来

$112 + 320 = 432$

★除法的笔算　答案包括商和余数。

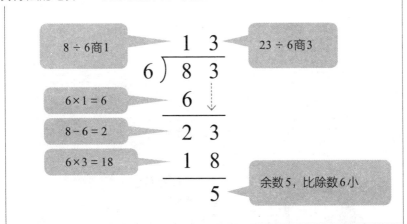

$8 \div 6$ 商1

$23 \div 6$ 商3

$6 \times 1 = 6$

$8 - 6 = 2$

$6 \times 3 = 18$

余数5，比除数6小

另外，像 $15 \times (3+9) \div 4$ 这类的复合运算，计算时按照以下规则。

- 通常情况下从左边开始
- 先算（ ）中的运算
- +、－和 ×、÷ 同时存在时，先算 ×、÷

**练习题** ••••••••••••••••••••••••••••••••••••

**1** 请计算17863+294。

**2** 请计算7162-348。

**3** 请计算425×19。

**4** 请计算672÷9，写出整数和余数。

**5** 请计算9×（8+32）÷12。

计算时写出笔算步骤，不容易出错哦!

‖‖‖‖‖‖‖‖‖‖‖‖‖‖‖‖‖‖‖‖‖‖‖‖‖‖‖‖‖‖‖‖‖‖‖‖‖‖‖

❶ 答：18157

❷ 答：6814

❸ 答：8075

❹ 答：商74余6

❺ 答：30

## 一生受用的数的知识

小学阶段学习的笔算，教我们按照一定的步骤反复计算进而得出结果，这个步骤我们称之为"算法"。笔算的优势就在于这种算法的普遍适用性。数的性质和运算的结构很重要，在弄懂了这些之后，将算法掌握扎实也是非常重要的。

事实上，像下面的运算，20×16这样算容易让人忘记。而按2×16计算，往左错一个数位写下来，这样即使忘了也能得出答案，笔算算法的有趣之处就在这里。

$$
\begin{array}{r}
1\ 6 \\
\times\ 2\ 7 \\
\hline
1\ 1\ 2 \\
3\ 2\ 0 \\
\hline
4\ 3\ 2
\end{array}
$$

7×16 = 112

2×16 = 32，往左错一位

112+320 = 432

# 第8节
# 小数的计算

**问题**

院子里的栅栏需要重新喷漆。计算出栅栏的大概面积后，才能去采购油漆。栅栏的面积大概是多少？

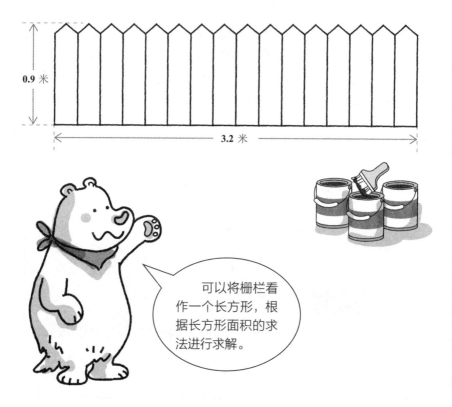

0.9 米

3.2 米

可以将栅栏看作一个长方形，根据长方形面积的求法进行求解。

## 提 示

★ 计算较大的长方形的面积，用面积公式。

长方形的面积=长×宽

★ 小数 × 小数的计算，和整数计算一样，可以通过笔算得出结果。

## 答 案

约2.88米²。

求栅栏面积的公式是，0.9×3.2

先当小数点不存在来进行计算，最后把小数点加上。

$$
\begin{array}{r}
0.9 \quad \text{←一位小数}\\
\times\ 3.2 \quad \text{←一位小数}\\
\hline
1\,8\\
2\,7\ \ \\
\hline
2.8\,8 \quad \text{←两位小数}
\end{array}
$$

栅栏的面积大约是2.88米²。

小学阶段，我们会学到小数的加减乘除运算。加法和减法，将小数点对齐，各个位数一一对应，和整数一样进行计算。

★加法笔算

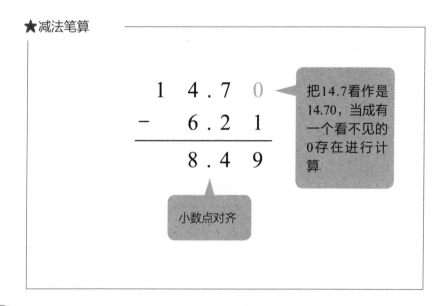

★减法笔算

★乘法笔算　乘法运算中要注意小数点后的位数。

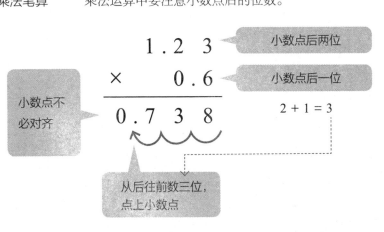

小数点后两位

小数点后一位

小数点不必对齐

$2 + 1 = 3$

从后往前数三位，点上小数点

★除法笔算　做除法运算时，要特别注意商和余数的小数点的位置。

被除数的小数点点在相应的位置上

被除数和除数的小数点向右移动相同的位数

余数的小数点点在原本小数点的位置上

**1** 请计算 7.28 + 4.5。

**2** 请计算 8.342 − 1.6。

**3** 请计算 1.65 × 2.9。

**4** 请计算 5.04 ÷ 1.4。

**5** 请计算 7.26 ÷ 3.7，约数到十分位，保留余数。

要注意的是，
除法中的余数一定
要小于除数。

❶答：11.78          ❷答：6.742

❸答：4.785          ❹答：3.6

❺答：1.9余0.23

## 一生受用的数的知识

　　在做除法运算时，有时也会在除完之后将商四舍五入后，求概数。

　　举个例子，将下面的6÷9的结果四舍五入到十分位，约为0.7。

　　两个数相除，除到小数的某一位时，不再有余数，叫有限小数。两个数相除，除得的小数部分无穷尽，这种小数叫作无限小数，比如0.6666…、0.272727…。从小数部分的某一位起，相同的数字不断地重复出现的无限小数，叫作循环小数。

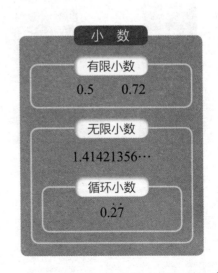

小　数

有限小数
0.5　　0.72

无限小数
1.41421356…

循环小数
0.2̇7̇

# 分数的加法、减法

将醋 $\frac{1}{3}$ 升、色拉油 $\frac{1}{2}$ 升、酱油 $\frac{1}{10}$ 升混合在一起，做成调味汁。做成的调味汁一共多少升？

| 醋 $\frac{1}{3}$ 升 | 色拉油 $\frac{1}{2}$ 升 | 酱油 $\frac{1}{10}$ 升 |

**提 示**

要想求出调味汁的量，将所有材料的量加在一起即可。

醋的量+色拉油的量+酱油的量=调味汁的量

**答案**

$\dfrac{14}{15}$ 升

计算 $\dfrac{1}{3} + \dfrac{1}{2} + \dfrac{1}{10}$

这三个分数的分母都不一样，先要找到3个分母的最小公倍数进行通分。

$$\overset{\times 10}{\frac{1}{3} = \frac{10}{30}}\underset{\times 10}{} \qquad \overset{\times 15}{\frac{1}{2} = \frac{15}{30}}\underset{\times 15}{} \qquad \overset{\times 3}{\frac{1}{10} = \frac{3}{30}}\underset{\times 3}{}$$

$$\frac{10}{30} + \frac{15}{30} + \frac{3}{30} = \frac{\cancel{28}^{14}}{\cancel{30}_{15}} = \frac{14}{15}$$

由此可见，最终做好的调味汁的量为 $\dfrac{14}{15}$ 升，比1升略微少一些。

分母相同的分数之间进行加减法，分母不变，直接将分子相加或相减即可。

以 $\dfrac{4}{9} + \dfrac{1}{9}$ 为例，

$\dfrac{4}{9}$ 是4个 $\dfrac{1}{9}$，加在一起，也就是（4+1）个 $\dfrac{1}{9}$，

$$\dfrac{4+1}{9} = \dfrac{5}{9}$$

分子直接相加

以 $\dfrac{6}{7} - \dfrac{1}{7}$ 为例，

$\dfrac{6}{7}$ 是6个 $\dfrac{1}{7}$，相减，等于（6-1）个 $\dfrac{1}{7}$，

$$\dfrac{6-1}{7} = \dfrac{5}{7}$$

分子直接相减

含有带分数的分数加减法，要注意整数部分的处理。

以 $1\dfrac{2}{5} + 1\dfrac{1}{5}$ 为例，

将 $1\dfrac{2}{5}$ 拆分成 $1+\dfrac{2}{5}$，$1\dfrac{1}{5}$ 拆分成 $1+\dfrac{1}{5}$，

进而再合并成（1+1）和 $\dfrac{2}{5} + \dfrac{1}{5}$，相加即为 $2\dfrac{3}{5}$。

另一种方法是，将带分数化成假分数，$1\dfrac{2}{5} = \dfrac{7}{5}$，$1\dfrac{1}{5} = \dfrac{6}{5}$，

$\dfrac{7}{5} + \dfrac{6}{5} = \dfrac{13}{5}$。

分母不同的分数之间进行加法和减法，需先进行通分。

以 $\dfrac{1}{3} + \dfrac{2}{5}$ 为例，

无法直接进行计算

先找到分母 3 和 5 的最小公倍数，将它作为新的分母。

$$\overset{\times 5}{\dfrac{1}{3}} = \underset{\times 5}{\dfrac{5}{15}} \qquad \overset{\times 3}{\dfrac{2}{5}} = \underset{\times 3}{\dfrac{6}{15}}$$

$$\dfrac{5}{15} + \dfrac{6}{15} = \dfrac{11}{15}$$

整数和分数的运算中，先将整数变成分数。

例如 $3 - \dfrac{4}{7}$，先把 3 变成分母是 7 的分数。

$$3 = 2\dfrac{7}{7} \quad 或 \quad \dfrac{21}{7}$$

答案是带分数或者假分数都可以

$$2\dfrac{7}{7} - \dfrac{4}{7} = 2\dfrac{3}{7} \quad 或 \quad \dfrac{17}{7}$$

**1** 请计算 $\dfrac{2}{7} + \dfrac{3}{7}$。

**2** 请计算 $\dfrac{7}{5} - \dfrac{4}{5}$。

**3** 请计算 $\dfrac{5}{2} + \dfrac{3}{8}$。

**4** 请计算 $\dfrac{1}{6} + \dfrac{2}{9}$。

**5** 请计算 $\dfrac{7}{3} - \dfrac{3}{4}$。

**6** 请计算 $7 - \dfrac{9}{10}$。

不能直接进行计算的时候，先将分母变成相同的数再进行计算。

❶答：$\dfrac{5}{7}$    ❷答：$\dfrac{3}{5}$    ❸答：$\dfrac{23}{8}\left(2\dfrac{7}{8}\right)$

❹答：$\dfrac{7}{18}$    ❺答：$\dfrac{19}{12}\left(1\dfrac{7}{12}\right)$    ❻答：$\dfrac{61}{10}\left(6\dfrac{1}{10}\right)$

## 一生受用的数的知识

　　分母不同的分数相加或相减时，最必不可少的步骤就是"通分"。通分有两点需要特别注意。

　　首先，一个分数的分母和分子同时乘以一个相同的数，这个分数的大小不变。相反，如果只让分子和分母的其中一个乘以一个数，另一个数不变，那么这个分数的大小就发生了变化，这点要特别注意。

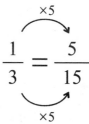

$$\frac{1}{3} = \frac{5}{15}$$

　　第二，通分其实就是寻找分母的最小公倍数。例如，计算 $\dfrac{9}{10}+\dfrac{7}{15}$ 时，两个分母 10 和 15 相乘，得到 150，这就是二者通分后的分母，计算起来数值比较大。而 10 和 15 的最小公倍数是 30，把这个数当作分母，分子计算起来更容易一些。

　　数字很大，中间步骤计算起来很麻烦！

$$\frac{9}{10} + \frac{7}{15} = \frac{135}{150} + \frac{70}{150} = \frac{205}{150} = \frac{41}{30}$$

$$\frac{9}{10} + \frac{7}{15} = \frac{27}{30} + \frac{14}{30} = \frac{41}{30}$$

　　分母小一些计算起来更容易！

第10节

# 分数的乘法、除法

问题

买 $\frac{4}{5}$ 千克牛肉，花了84元。请问1千克牛肉多少元？

## 提 示

牛肉的价钱，可以用下列方法来求。

（1千克牛肉的价格）×（重量）=（买牛肉花的钱）

| | $\frac{4}{5}$千克 | 84元 |

因此，[　　] $= 84 \div \frac{4}{5}$

分数的除法即乘以
除数的倒数

$$= 84 \times \frac{5}{4}$$

$$= \frac{\overset{21}{\cancel{84}} \times 5}{\underset{1}{\cancel{4}}}$$

$$= 105\,(元)$$

或者可以这样想，1千克牛肉的价格是$\frac{4}{5}$个84元。

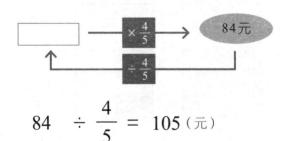

$$84 \div \frac{4}{5} = 105\,(元)$$

105元

计算分数与整数的乘法时，分数的分母保持不变，将分子与整数相乘。

例如 $\dfrac{2}{5} \times 3$ :

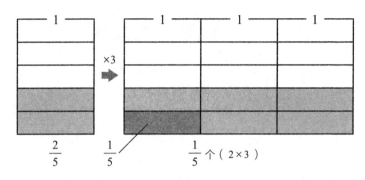

$$\frac{2}{5} \qquad \frac{1}{5} \qquad \frac{1}{5} \uparrow (2 \times 3)$$

因此，得出 $\dfrac{2 \times 3}{5} = \dfrac{6}{5}$

计算分数除以整数时，分数的分子保持不变，用分母除以整数。

例如 $\dfrac{3}{5} \div 2$ :

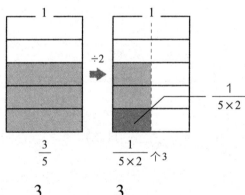

$$\frac{3}{5} \qquad \frac{1}{5 \times 2} \uparrow 3 \qquad \frac{1}{5 \times 2}$$

因此，得出 $\dfrac{3}{5 \times 2} = \dfrac{3}{10}$

計算分数与分数的乘法，即分母与分母、分子与分子分别相乘。

例如 $\dfrac{2}{5} \times \dfrac{3}{4}$ ：
$$\dfrac{b}{a} \times \dfrac{d}{c} = \dfrac{b \times d}{a \times c}$$

其中有需要约分的进行约分

因此，得出 $\dfrac{\overset{1}{\cancel{2}} \times 3}{5 \times \underset{2}{\cancel{4}}} = \dfrac{3}{10}$

计算分数与分数的除法，将被除数与除数的倒数相乘。

例如 $\dfrac{2}{5} \div \dfrac{3}{10}$ ：
$$\dfrac{b}{a} \div \dfrac{d}{c} = \dfrac{b}{a} \times \dfrac{c}{d}$$

倒　数

$$\dfrac{d}{c} \diagup\!\!\!\!\diagdown \dfrac{c}{d}$$

因此，得出

$$\dfrac{2}{5} \times \dfrac{10}{3} = \dfrac{2 \times \overset{2}{\cancel{10}}}{\underset{1}{\cancel{5}} \times 3} = \dfrac{4}{3} \left( 1\dfrac{1}{3} \right)$$

## 练习题 ••••••••••••••••••••••••••••••••••••••

**1** 请计算 $\dfrac{6}{7} \times 3$ 。

**2** 请计算 $\dfrac{7}{3} \div 5$ 。

**3** 请计算 $\dfrac{2}{9} \times \dfrac{4}{5}$ 。

**4** 请计算 $\dfrac{8}{7} \div \dfrac{3}{4}$ 。

**5** 请计算 $\dfrac{1}{5} \div \dfrac{1}{9}$ 。

## 练习题答案 ||||||||||||||||||||||||||||||||

**1** 答：$\dfrac{18}{7}\left(2\dfrac{4}{7}\right)$

**2** 答：$\dfrac{7}{15}$

**3** 答：$\dfrac{8}{45}$

**4** 答：$\dfrac{32}{21}\left(1\dfrac{11}{21}\right)$

**5** 答：$\dfrac{9}{5}\left(1\dfrac{4}{5}\right)$

在分数的除法运算中，不要忘记先取除数的倒数哦！

# 第 3 章

## 图形

第11节

# 平面图

**问题**

窨井的作用是让人可以下到地下检修管道。窨井的盖子，就是我们通常说的井盖，为什么不是四边形或者三角形，而是圆形呢？

圆形和四边形、三角形的区别是什么呢？

井盖做成圆形,而不做成三角形或四边形的原因,与圆形的特征有关。

正方形、长方形等四边形的长和宽都小于对角线;而三角形的高比边长短。因此,四边形和三角形的井盖一旦方向错开,就会掉入窨井中(如下图),那是非常危险的。

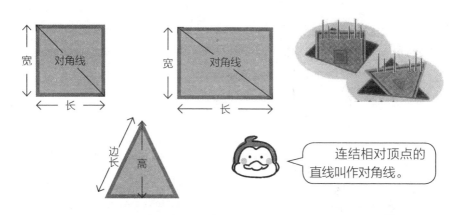

连结相对顶点的直线叫作对角线。

**答案**

所有通过圆形中心的直径都是同样的长度。所以,圆形的井盖即使方向错开,也不会掉入窨井中。

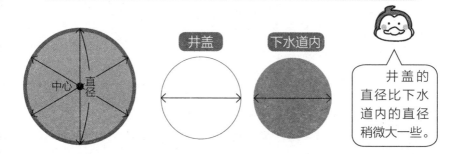

井盖的直径比下水道内的直径稍微大一些。

我们先学习最常见的图形——三角形和四边形，然后学习圆形和多边形。

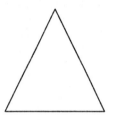

3条直线围起来的图形叫作三角形。

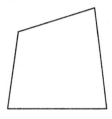

4条直线围起来的图形叫作四边形。

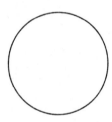

用圆规画出的圆圆的图形就是圆形。

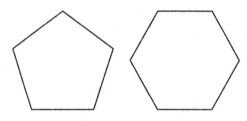

多条直线围起来的图形我们称之为多边形。每条边的边长都相等，每个角的度数都一样，这样的图形我们叫作正多边形。

图形的各个部分都有名称。围成多边形的线段叫作边，角上的点叫作顶点。

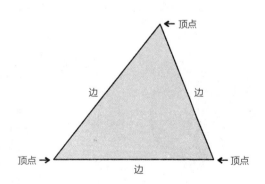

三角形中，下列这些特殊三角形也有自己的名字。

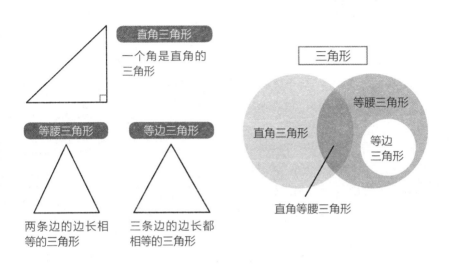

四边形中，以下这些特殊的四边形也有自己的名字。

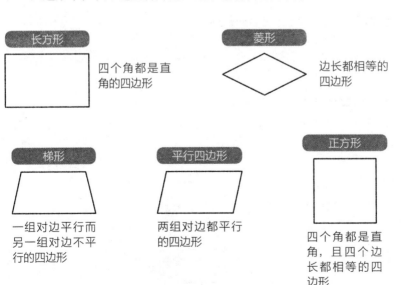

**练习题** • • • • • • • • • • • • • • • • • • • • • • • • • • • • • • • • • • • •

**1** 请求出右侧正三角形的周长。

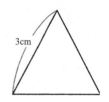

**2** 右侧的正方形被对角线分割成两个部分，
请说出阴影部分三角形的名称。

**3** 右侧的长方形被对角线分割成四个部分，
请说出阴影部分三角形的名称。

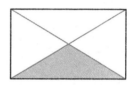

**4** 右侧的菱形被对角线分割成两个部分，
请说出阴影部分三角形的名称。

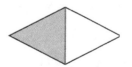

**5** 请说出右侧四边形的名称。

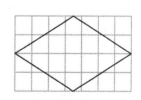

长方形的两
个对角线都从中
心点经过。

## 练习题答案 |||||||||||||||||||||||||||||||||||||||||||||||||||||||||||||

❶答：9厘米

❷答：直角三角形（直角等腰三角形）

❸答：等腰三角形　　　❹答：等边三角形

❺答：菱形

### 一生受用的图形知识

#### 三角形的超强力量

三角形的原理，被广泛应用在桥梁、房屋、塔等建筑物的设计中。之所以采用三角形构造，是因为三角形的稳固性和抗压力。当从外部施加压力时，三角形基本不动。也因此，三角形组合常常应用于桁架结构中。

用小木棍分别做一个四边形和三角形，在四边形和三角形的顶角钉上大头针，然后从外面施加一个外部的力。

四边形向一侧歪斜，变成了其他四边形，但三角形由于有下面的两个点的支撑，形状完全没有变化。

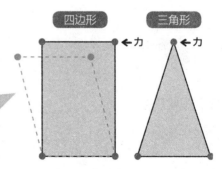

工地上的起重机、供电铁塔、高架桥等都有三角形组成的应用，在我们身边处处可见三角形的应用，仔细寻找，可以找出很多。

第12节

# 图形与角

问题

下列A~C三个图形中，哪个图形可以做到相同的图形拼接在一起而没有任何缝隙？

A.四边形

B.圆形

C.三角形

蜂巢是由很多个六边形组成的，彼此紧紧贴合，没有一点儿缝隙。

多个四边形和多个三角形排列在一起，会形成什么样的图形呢?

如右图，正方形和平行四边形都能够拼接在一起，没有缝隙。

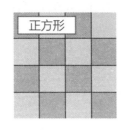

正方形

平行四边形

这样的四边形也可以拼在一起哦。

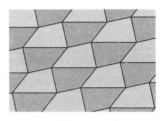

正三角形和等腰三角形也是可以拼在一起的。

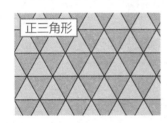

正三角形

等腰三角形

A. 四边形　　　C. 三角形

圆形，如右图，是没法没有缝隙地拼接在一起的。

除了四边形和三角形可以没有缝隙地拼接在一起之外，六边形也可以。这与图形的角的大小有关。

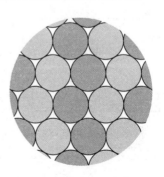

一条射线绕它的端点旋转半周和一周所形成的角的大小，也是我们数学课上要学习的内容。

绕端点旋转半周形成180°的角

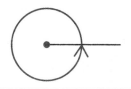

绕端点旋转一周形成360°的角

正方形和长方形的四个角都是直角（90°）。如右图，四个角拼在一起形成360°的角，没有缝隙地完整地拼合在一起。

三角形三个角的和是180°。

正三角形每个角都是60°。

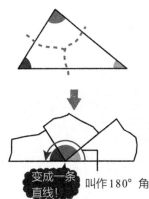

变成一条直线！ 叫作180°角

正三角形的三个角都是60°

三个拼在一起形成180°角

六个拼在一起形成360°角，拼成一个圆角

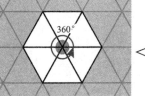

几个角拼在一起构成一个圆角，这些三角形就可以完整地拼合在一起

一个四边形可以分成两个三角形。因此，四边形的四个角之和应该是360°。

下图中的四边形拼在一起，每一个点都是由四个角完整地拼在一起，因此，该四边形的四角之和也是360°。

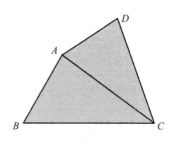

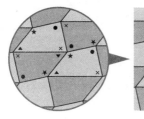
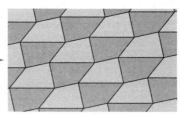

正六边形的每个角都是120°。三个角拼在一起是360°。

正六边形

平行四边形的对边长度相等，对角的大小也是相等的。

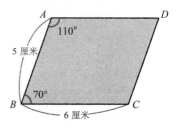

右侧的平行四边形，边 AB 和边 DC 的长度都是5厘米，边 AD 和边 BC 的长度都是6厘米。角 A 和角 C 的大小都是110°，角 B 和角 D 的大小都是70°。

## 练习题 ● ● ● ● ● ● ● ● ● ● ● ● ● ● ● ● ● ● ● ● ● ● ● ● ● ● ● ● ● ● ● ● ● ●

**1** 求右侧三角形中角*A*的大小。

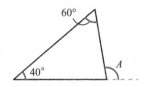

**2** 求右侧四边形中角*B*的大小。

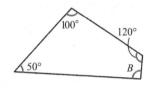

**3** 求右侧平行四边形中角*C*的大小。

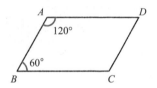

**4** 半径为3厘米的圆,从圆心处等分成六个正三角形。①求角*C*的大小。②正六边形一条边的边长是多少?

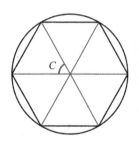

正六边形中的6个三角形是同样大小的正三角形。

❶ 答：100°        ❷ 答：90°

❸ 答：120°        ❹ 答：① 60°        ② 3 厘米

## 一生受用的图形知识！

　　在国外，边长之比为 3∶4∶5 的直角三角形被称为"埃及三角形"。这是因为早在古埃及时，人们就学会了用特制的绳子来构造出它以供生活、生产使用。具体使用时，如下图所示绳子上要有多个均匀的绳结，三个人按 3∶4∶5 比例抓住对应的绳结拉紧就可以得到直角三角形了。

　　如右图，绳结的间隔数按照该比例，也可以得到直角三角形。

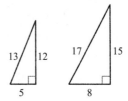

13  12        17  15
　　5             8

## 第13节
# 面积的计算

**问 题**

下面这个长方形的土地中，有1组和2组两个花坛。花坛中间是一个短边长2米的平行四边形道路。求1组和2组花坛的总面积。

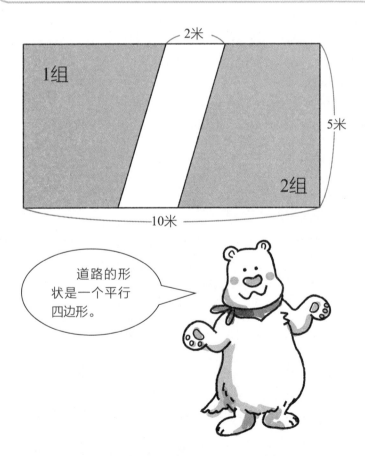

2米

1组

5米

2组

10米

道路的形状是一个平行四边形。

面积的求法，有以下 a 和 b 两种思路。

### 思路a

土地的形状是长方形，花坛中间的道路是平行四边形。

花坛的面积是长方形的土地面积减去平行四边形道路的面积。

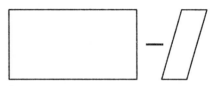

### 思路b

可以改变道路的形状，进而求得花坛的面积。

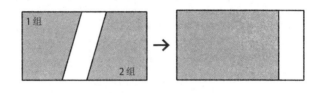

①将2组花坛向左移，使1组和2组花坛拼接在一起。

②花坛的总面积变成了长方形。

## 答案

40平方米

### 思路a的求法

$5 \times 10 = 50(米^2)$    $2 \times 5 = 10(米^2)$    $50 - 10 = 40(米^2)$

（也可以列出以下整式来进行计算）

$5 \times 10 - 2 \times 5 = 40(米^2)$

### 思路b的求法

$10 - 2 = 8(米^2)$    $5 \times 8 = 40(米^2)$，

或者 $5 \times (10 - 2) = 40(米^2)$

只改变图形的形状，但不改变面积，这个过程叫作等积变形。

我们以三角形为例来说明。

三角形的面积是：底 × 高 ÷ 2。

下图中 3 个三角形 A、B、C，底边和高都相等，因此面积也相等。并且，这 3 个三角形和右边的直角三角形面积也相等。

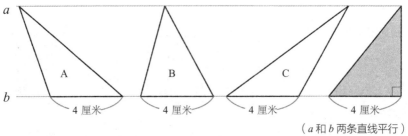

（a 和 b 两条直线平行）

平行四边形的面积是：底 × 高。

下图中平行四边形 A、B、C，底和高均相等，因此面积也相等。

并且，这几个平行四边形与右侧的长方形面积也相等。

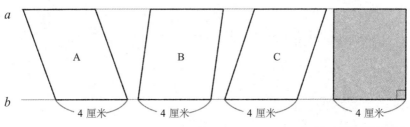

（a 和 b 两条直线平行）

各个图形面积的计算公式如下。

正方形的面积=边长×边长

（例）
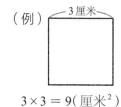

$3 \times 3 = 9 (厘米^2)$

长方形的面积=长×宽

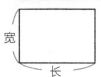

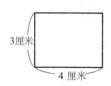

$3 \times 4 = 12 (厘米^2)$

梯形的面积=（上底+下底）×高÷2

$(2+4) \times 3 \div 2 = 9 (厘米^2)$

菱形的面积=对角线×对角线÷2

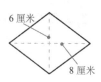

$6 \times 8 \div 2 = 24 (厘米^2)$

圆的面积=半径×半径×圆周率（3.14）

$10 \times 10 \times 3.14 = 314 (厘米^2)$

**1** 求右图中阴影部分的面积。

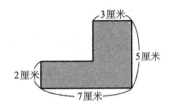

**2** 求右侧三角形的面积。

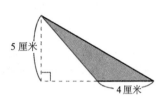

**3** 右侧平行四边形的面积是 18 厘米²。
求图中□内的数字。

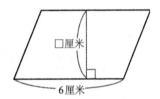

**4** 求右图中阴影部分的面积。

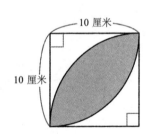

解第1题和第4题
时，可以综合我们学过
的长方形、正方形、三
角形、圆形等各种图形
的面积计算方法。

❶ 答：23厘米²

5 × 3 + 2 × 4 = 23（厘米²）

5 × 7 - 3 × 4 = 23 （厘米²）

❷ 答：10 厘米²

4 × 5 ÷ 2 = 10（厘米²）

❸ 答：3厘米

18 ÷ 6 = 3（厘米）

❹ 答：57厘米²

 −  =

10×10×3.14÷4 = 78.5（厘米²）

10×10÷2 = 50（厘米²）

28.5（厘米²）

 ×2 =

28.5 × 2 = 57（厘米²）

## 一生受用的图形知识

### 面积的估算

生活中常见的一些物体，我们可以根据它的边缘，把它归类到我们学过的平面图形中，这个过程叫作概形。通过概形，我们可以估算出这些物体的大概面积。

例如，日本滋贺县的琵琶湖从上俯视是一个近三角形的淡水湖，在计算湖面的面积时我们就可以把它看作一个三角形。

三角形的面积是：底 × 高 ÷ 2。

该三角形的底是67千米，高是20千米，67×20÷2=670(千米²)

该湖的面积大约为670千米²。

经准确测量，该湖面积约为670.5千米²，与估算的结果非常相近。

## 第14节

# 立体和体积

**问题**

　　用边长是5厘米的立方体的黏土做一只兔子。求兔子的体积。

5 厘米

5 厘米

5 厘米

立方体的体积和兔子的体积大小一样吗？

黏土做成了物体，只是改变了形状，体积不变。

题目中说，黏土全部做成了兔子，因此，兔子的体积和黏土的体积相等。

计算黏土的体积，只要用立方体的体积公式进行计算即可。

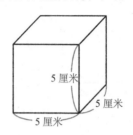

立方体的体积

＝边长 × 边长 × 边长

还有另一种方法，将黏土做成的兔子放入注水的水槽中，会使水面上升，求出增加的水的体积就是兔子的体积。

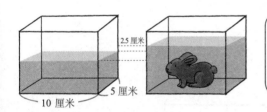

水槽中的水面上升了2.5厘米。也就是说，一个宽5厘米、长10厘米、高2.5厘米的长方体的体积，就是兔子的体积。

**答案**

125厘米³

$5 \times 5 \times 5 = 125$（厘米³）

求增加的水的体积：

$5 \times 10 \times 2.5 = 125$（厘米³）

　　求正方体和长方体的体积，与求正方形和长方形的面积一样，简单地套入公式进行计算就可以。

## 长方体的体积 = 长 × 宽 × 高

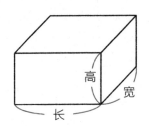

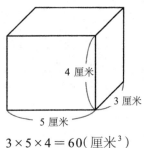

$$3 \times 5 \times 4 = 60(厘米^3)$$

　　立体图形中，除了正方体和长方体外，还有方柱体和圆柱体。
　　求方柱体和圆柱体的体积，可以用下列公式。

## 方柱体和圆柱体的体积 = 底面积 × 高

**方柱体**

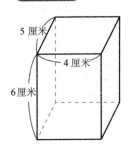

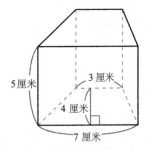

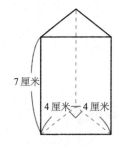

| 底面是长方形 | 底面是梯形 | 底面是直角三角形 |
|---|---|---|
| $5 \times 4 = 20(厘米^2)$ | $(3+7) \times 4 \div 2 = 20(厘米^2)$ | $4 \times 4 \div 2 = 8(厘米^2)$ |
| $20 \times 6 = 120(厘米^3)$ | $20 \times 5 = 100(厘米^3)$ | $8 \times 7 = 56(厘米^3)$ |

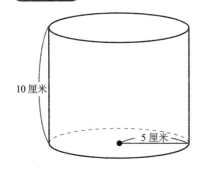

### 圆柱体

底面是圆形

$5 \times 5 \times 3.14 = 78.5$（厘米²）

$78.5 \times 10 = 785$（厘米³）

10 厘米

5 厘米

像下图中这种复杂的立体图形，也可以套用体积公式进行计算。

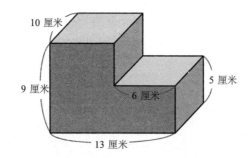

10 厘米

9 厘米

5 厘米

6 厘米

13 厘米

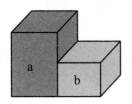

如左图，分成2个长方体。

**a** $10 \times (13-6) \times 9 = 630$（厘米³）

**b** $10 \times 6 \times 5 = 300$（厘米³）

**a** 和 **b** 的体积相加：

$630 + 300 = 930$（厘米³）

**练习题** ••••••••••••••••••••••••••••••••••••

**1** 求右图三角柱的体积。

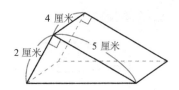

**2** 求右图四角柱的体积。

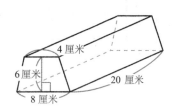

**3** 求右图立体图形的体积。

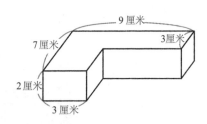

**4** 求右图立体图形的体积。

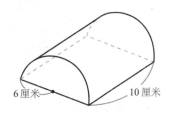

第2题的图形，底面是梯形。第4题的图形，底面是个半圆形。

❶ 答：20 厘米$^3$

$5 \times 2 \div 2 = 5$（厘米$^2$）

$5 \times 4 = 20$（厘米$^3$）

❷ 答：720 厘米$^3$

（$4+8$）$\times 6 \div 2 = 36$（厘米$^2$）

$36 \times 20 = 720$（厘米$^3$）

❸ 答：78 厘米$^3$

$7 \times 3 \times 2 + 3 \times$（$9-3$）$\times 2$
$= 78$（厘米$^3$）

❹ 答：565.2 厘米$^3$

$6 \times 6 \times 3.14 \div 2 = 56.52$（厘米$^2$）

$56.52 \times 10 = 565.2$（厘米$^3$）

## 一生受用的图形知识

### 单位的由来

18 世纪末，测量技术特别发达的法国基于地球的大小，创立了"米（m）"这个长度单位。

① 成功测量了法国最北边的城市敦刻尔克到西班牙的巴塞罗那之间的距离。

② 根据①测得的长度，将北极到赤道的子午线的距离分成了 1000 万份，每一份的长度称之为"1 米"。

现在，米的长度被定义为"光在真空中于 1/299792458 秒内行进的距离"。

# 对称、放大

从远处看，有一整块比萨。走近一看，其实只有下图中的半块比萨，整块比萨的效果是镜子造成的。那么，镜子应该是在图中的哪个位置呢？

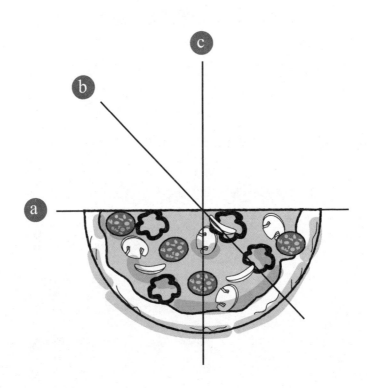

## 提 示

半圆形的比萨变成了圆形，是因为放镜子的位置成了对称轴。

将一个图形沿着某一条直线折叠，折叠的两侧图形能够完全重合，我们称这个图形轴对称。

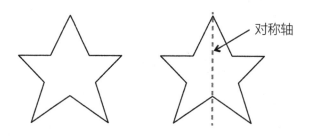

对称轴

将一个图形绕一个点旋转180°，如果恰好和原图重合，我们称这个图形为点对称图形。

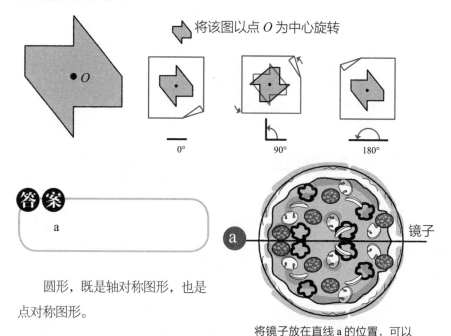

将该图以点 $O$ 为中心旋转

0°　　　90°　　　180°

答案

a

圆形，既是轴对称图形，也是点对称图形。

镜子

将镜子放在直线 a 的位置，可以形成一个圆形

正三角形和等腰三角形、正五边形都是轴对称图形。
轴对称图形对称轴两侧相对的边的边长和对角大小都相等。

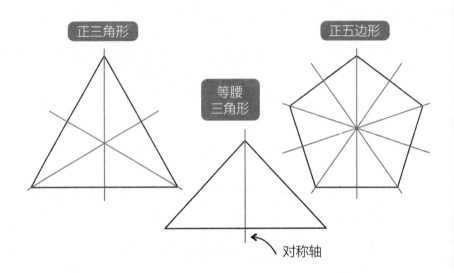

正三角形

等腰
三角形

正五边形

对称轴

正六边形和正八边形也都是轴对称、点对称图形。
点对称图形相对的边的边长和对角大小都相等。

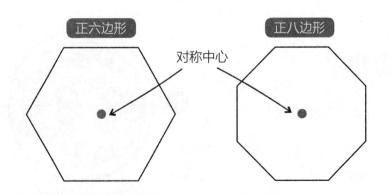

正六边形

对称中心

正八边形

将图形各个角的大小保持不变，边长等比例放大或缩小，称为这个图形的放大图形或缩小图形。

选定该图形的一个顶点，以这个点为中心放大或缩小，形成这个图形的放大图形和缩小图形。

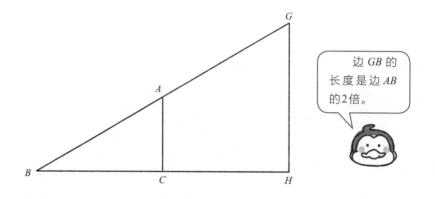

边 *GB* 的长度是边 *AB* 的2倍。

三角形 *GBH* 是三角形 *ABC* 每边放大2倍后的图形。

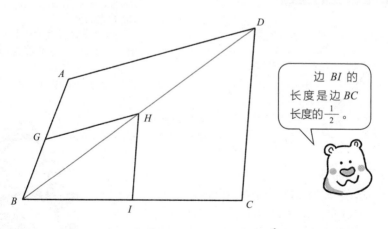

边 *BI* 的长度是边 *BC* 长度的 $\frac{1}{2}$。

四边形 *GBIH* 是四边形 *ABCD* 每边缩小到 $\frac{1}{2}$ 的图形。

## 练习题 ••••••••••••••••••••••••••••••••••••••

**1** 右侧的平行四边形是一个点
对称图形，请找到中心 $O$ 的
位置。

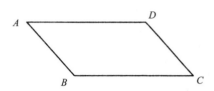

**2** 右图是车站周边的地图的缩
小图。$AB$ 两地间实际距离
是 300 米，图中缩小到 3 厘
米。图中车站到图书馆的距
离为 4 厘米。求车站到图书
馆的实际距离。

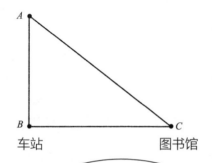

车站　　　　　图书馆

## 练习题答案 ‖‖‖‖‖‖‖‖‖‖‖‖‖‖‖‖

**1** 答：

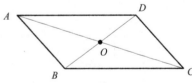

**2** 答：400 米

图中车站到图书馆的距离是 4 厘米，
缩小图的比例是 1:10000，
4 × 10000 = 40000
40000 厘米 = 400 米

> 图上一条线段的长度与地面
> 相应线段的实际长度之比，我们
> 称之为比例尺。
> 　图上线段长度为 3 厘米，地
> 面相应线段的实际长度为 300 米
> （300 米 =30000 厘米），因此，
> 比例尺为 3:30000=1：10000。

第 *4* 章

# 测量、单位

第16节

# 长度

问题

李娜和小王两人参加郊游活动，从学校步行到车站。学校到车站有A、B两条路线。小王认为A路线更短，因此选择走A路线。小王的说法正确吗？

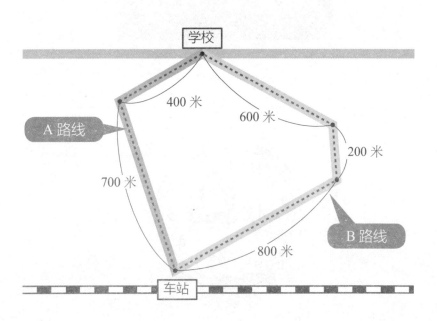

学校

400 米

600 米

A 路线

200 米

700 米

B 路线

800 米

车站

**提 示**

长度的加减法，是在相同的单位之间进行的。

题目中出现的长度单位都是米，因此按照正常的加法计算就可以。

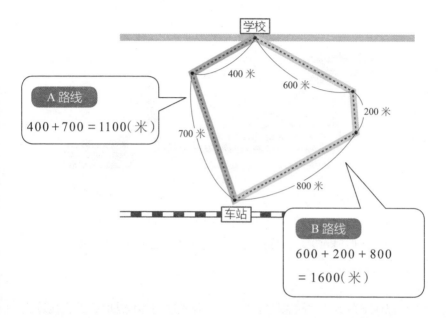

A 路线一共 1100 米，B 路线一共 1600 米，因此 A 路线比 B 路线更近一些。另外，A 路线和 B 路线的长度差，可以用减法计算。

$1600 - 1100 = 500 (米)$

A 路线比 B 路线近 500 米。

 **答案**

小王的说法是正确的

## 重 点 详 解 ‖‖‖‖‖‖‖‖‖‖‖‖‖‖‖‖‖‖‖‖‖‖‖‖‖‖‖‖‖‖‖‖‖‖‖‖‖‖‖‖‖‖

如下图，两地间测得的直线长度叫距离，沿着道路测得的长度叫路程。

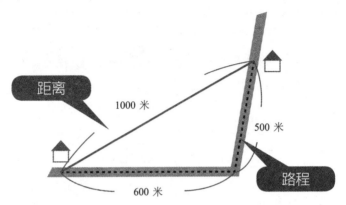

距离

1000 米

500 米

路程

600 米

小学阶段，我们学的长度单位有毫米（mm）、厘米（cm）、米（m）、千米（km）。计算长度的加减法时，要注意先换算成相同的单位。

记住下列单位之间的换算关系。计算长度的加减法时，要先换算成相同的单位。

★ 厘米和毫米的关系

**1 厘米 = 10 毫米**

例：

4厘米8毫米＝48毫米

5厘米2毫米＋8毫米＝6厘米

★ 米和厘米的关系

**1 米 = 100 厘米**

例：

6米7厘米＝607厘米

500厘米＋3米＝5米＋3米＝8米

★ 千米和米的关系

1 千米 ＝ 1000 米

例：3千米200米＝3200米

1千米400米＋900米＝1千米1300米

＝2千米300米

日常生活中，了解一些物体的大概长度，会给我们的生活增加便利。大概的长度数值知道了，下面方框中的长度单位也就能够推测出来。

明信片的宽度
10 厘米

东京晴空塔的高度
634 米

公园里树木的周长
2 米

蓝鲸体长
30 米

全程马拉松的距离
42.195 千米

泳池泳道的长度
25 米

95

**1.计算题。**

**1** 4厘米 + 6厘米

**2** 7毫米 – 3毫米

**3** 800米 – 500米

**4** 1千米700米 + 600米

**2.在下面方框中填入相应的单位。**

**1** 长颈鹿的身高　　　　5 ☐

**2** 尼罗河的长度　　　　6670 ☐

**3** 铅笔的长度　　　　　15 ☐

**4** 七星瓢虫身体的长度　8 ☐

七星瓢虫的身体呈橘红色，有7个黑色的斑点。

## 1.答案

**1** 10 厘米      **2** 4 毫米

**3** 300 米      **4** 2千米300 米

## 2.答案

**1** 米    **2** 千米    **3** 厘米    **4** 毫米

### 一生受用的长度知识！

## 身体当尺子

过去，人们用手、足等身体部位的长度作为长度单位。

**中国以前的长度单位**

约3.03厘米
拇指第一关节的宽度

**寸**

**臂展**
双手向两侧伸直到最大程度所产生的距离

**尺**
拇指与其他手指反向延伸到手掌完全打开，从拇指指尖到中指指尖的距离

史书记载，在远古时期，中国人就开始"身高为丈""迈步定亩""手捧成升""滴水成时"。

约30.3厘米

原来不同的人对应寸各不一样，不同的时期尺寸也有差别。我国现在的市制长度单位尺表示$\frac{1}{3}$米。

**外国以前的长度单位**

约2.54厘米
拇指的宽度（以指甲底部的宽度为准）

**英寸**

**库比特**
古埃及钦定的腕尺，是从手肘到中指指尖的长度

**码**
相传英皇亨利一世定义，将他的手伸向身体正侧方，鼻子正中心的延长线到指尖的距离

**英尺**
英国人早期用自己的脚测量长度，因此英尺的英文是foot，即从脚指尖到脚后跟的距离

欧美现在仍有些国家在使用英尺、码、英寸这些单位，但长度已统一不再因人而异了。

# 第17节
# 体积

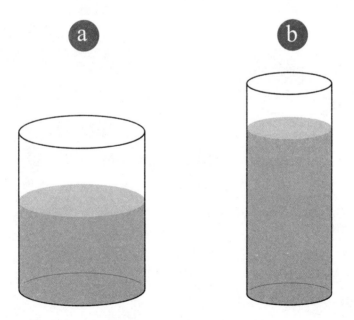

**问 题**

下面两个杯子里装有果汁。阿丽想选择多的那一杯，因此她要比较两个杯子里果汁的体积。该用什么方法呢？

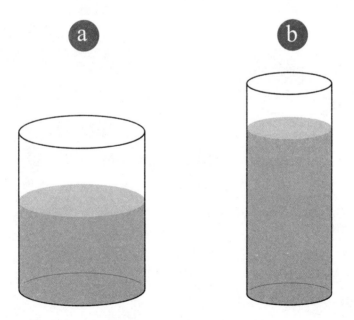

a

b

如果是两个大小相同的杯子，那么比较果汁液面的高度就可以。

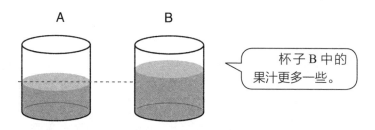

杯子 B 中的
果汁更多一些。

大小不一样的杯子，没法直接比较。因此，可以将果汁倒入几个大小相同的杯子里，然后进行比较。

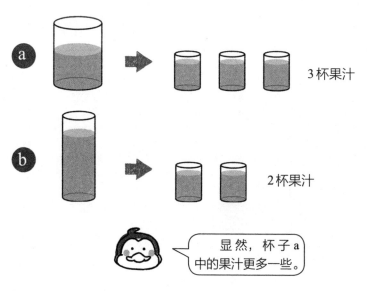

显然，杯子 a
中的果汁更多一些。

将两个杯子中的果汁分别倒入几个大小相同的杯子里，然后进行比较

比较水的体积，可使用 1 升和 100 毫升的量器来测量。

如果水的体积超过 1 升，那么也需要先用 1 升的量器测量出是几个 1 升，然后再用 100 毫升的量器测量出剩余不足 1 升的部分。

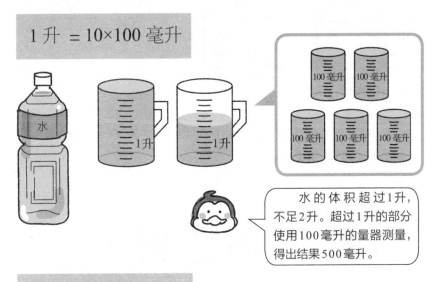

1 升 = 10×100 毫升

水的体积超过1升，不足2升。超过1升的部分使用100毫升的量器测量，得出结果500毫升。

1 升 = 1000 毫升

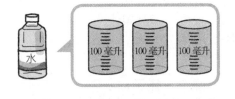

3个100毫升量器的水等于0.3升水

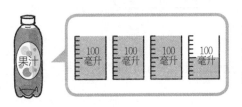

300毫升果汁之外还有剩余，300毫升和50毫升相加得出结果350毫升。

和长度的计算一样，体积的加减法也需要先换算成统一的单位。

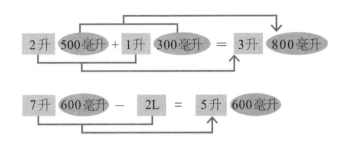

2升 500毫升 + 1升 300毫升 = 3升 800毫升

7升 600毫升 − 2L = 5升 600毫升

日常生活中，了解一些常见物品的体积，会给我们的生活增加便利。大概的体积数值知道了，下面☐中的体积单位也就能够推测出来。

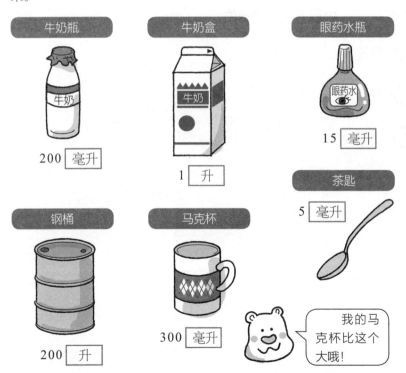

牛奶瓶
200 毫升

牛奶盒
1 升

眼药水瓶
15 毫升

茶匙
5 毫升

钢桶
200 升

马克杯
300 毫升

我的马克杯比这个大哦！

**练 习 题** ••••••••••••••••••••••••••••••••••••

## 1.完成下列计算。

**1** 1升400毫升+500毫升

**2** 3升500毫升+500毫升

**3** 4升900毫升－700毫升

**4** 6升200毫升－2升

## 2.在 ☐ 中填入相应的单位。

**1** 垃圾箱  45 ☐

**2** 茶杯  150 ☐

**3** 水桶  8 ☐

## 1.答案

**1** 1升900毫升　　　　**2** 4升

**3** 4升200毫升　　　　**4** 4升200毫升

## 2.答案

**1** 升　　　**2** 毫升　　　**3** 升

### 一生受用的重量知识

### 阿基米德

阿基米德，古希腊著名的数学家、物理学家、科学家。

相传，国王让工匠为他做了一顶纯金的王冠。但做好后，国王怀疑工匠在金冠中掺了银子以假乱真，便想要调查清楚，于是国王请来阿基米德验证皇冠。

阿基米德冥思苦想，始终想不出办法。一天，阿基米德进入浴盆洗澡，看到水溢出了浴盆，他突然想到了什么，光着身子就向王宫跑去。

"请给我准备和王冠相同重量的金块和银块，还有3个大小相同的木桶，并把每个木桶注满水。"他先将金块放入第一个木桶，然后对溢出的水的体积进行了测量。接下来，他将王冠放入了第二个木桶，也测量了溢出的水的体积。最后，他将银块放入第三个木桶中，测量了溢出的水的体积。

结果发现，溢出的水最多的是银块，然后是王冠，最后是金块。由此判定，王冠并不是用纯金制作的。

阿基米德也同此发现了浮力原理——物体在水中因浮力减轻的重量恰巧等于与物体同体积的水的重量。

## 第18节

# 时间

**问题**

李可8点50分从家里出发，9点15分到达图书馆。一共花了多长时间？

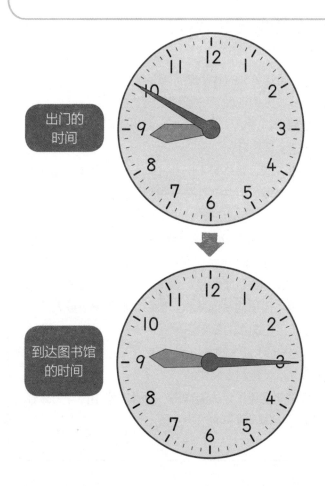

出门的时间

到达图书馆的时间

## 提 示

**时刻和时间不是同一个概念。**

时刻如右边的钟表所示，指的是几时几分，如"现在是 8 点 50 分"。

时间指的是时刻和时刻之间间隔的时间段，如"9 点到 10 点是 1 小时"。

这道题求的是从家到图书馆的时间，答案应该是"几时几分"这样的时间段。

求时间段时，用整点来断开比较容易计算。这道题可以如下图中这样，从 9 点这个整点处断开，进而求解。

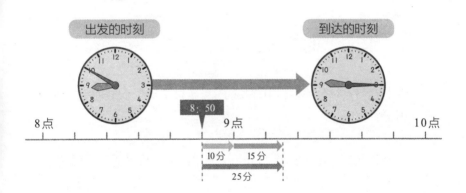

9 点之前的部分：10 分
9 点之后的部分：15 分
25 分

25 分

105

接下来将学习时间段的求法以及时刻的求法。

时间段的求法

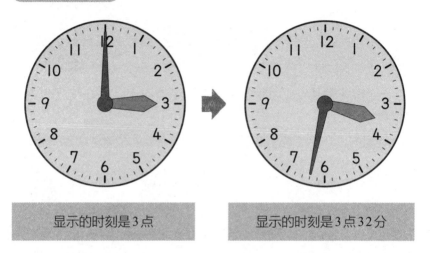

| 显示的时刻是3点 | 显示的时刻是3点32分 |

从3点到3点32分的过程中，长的分针走过了32个小的刻度，因此经历了32分钟。

要计算从2点40分到3点25分用了多少时间，可以通过下面的方法求解。

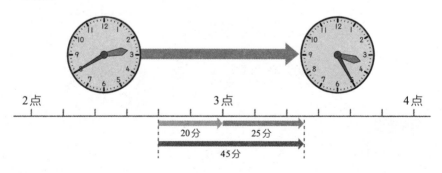

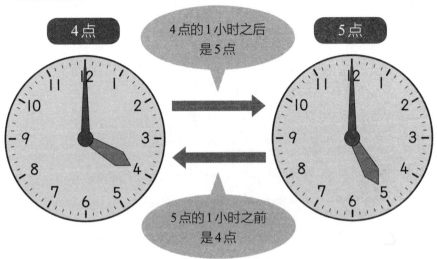

9 点 10 分的 40 分钟之前是几点，可以通过下面的方法求解。

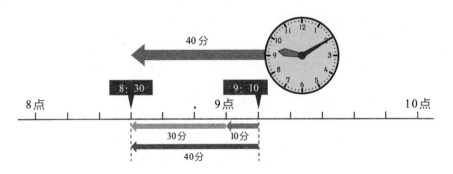

以 9 点为界。

9 点之后的部分：10 分

9 点之前的部分：40 - 10 = 30 分

得出结果，9 点 10 分的 40 分之前是 8 点 30 分。

## 练习题 ••••••••••••••••••••••••••••••••••

**1.请回答出下列时刻。**

**1** 请写出下图中钟表所示的时间。

**2** 6点40分再过50分是几点？

**3** 8点的1小时之后是几点？

**2.请回答出下列时间。**

**1** 从3点40分到4点15分经过了多长时间？

**2** 从1点30分到3点30分经过了多长时间？

# 练习题答案 ||||||||||||||||||||||||||||||||||||||||||||||||

## 1.答案

❶ 5点35分

❷ 7点30分（7点半）

❸ 9点

## 2.答案

❶ 35分

❷ 2小时

### 一生受用的时间知识

　　在中国传统文化中，一昼夜被划分为十二个时辰，每个时辰相当于现在的两小时，十二个时辰分别为十二地支命名,即子、丑、寅、卯、辰、巳、午、未、申、酉、戌、亥。

# 质量

**问题**

三个小朋友分别用5千克的黏土全部做成了下面这些小动物。问做成的小动物各有多重?

我做了个兔子!

我做了个长颈鹿!

我做了个乌龟!

物体的形状发生了改变,那物体的质量会怎样呢?

## 提 示

在人体秤上，站立、蹲下、单腿站立，体重会有怎样的变化呢？

 不管姿势如何变化，体重始终都是30千克。

　　30千克重的人站在体重秤上即使变换姿势，体重仍然是30千克，不会发生改变。

　　黏土和纸这种可以随意改变形状的物体也是一样的。

　　将5千克的黏土切成碎屑也好，拉长也好，搓圆也好，质量仍然是5千克。

## 答案

**小动物的重量是5千克**

　　三个小朋友使用的同样都是5千克的黏土，因此，三个人做成的小动物也都一样重。

日常生活中我们所提及的重量实际表达的是质量。质量的单位通常有克（g）、千克（kg）、吨（t）。

测量物体的质量，通常使用秤。

秤有好多种，有的可以称1000克（1千克）以内的物体，有的可以称2千克以内的物体，等等。

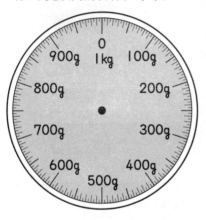
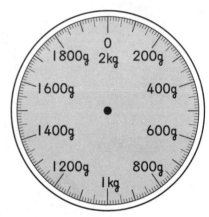

请读出下图中的秤显示的重量。

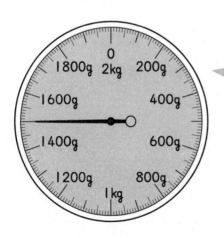

先数最大的刻度。指针超过了1400克，在1400克到1600克的区间内。然后再数第二大的刻度，指针停留在100克的刻度处。因此，指针显示的读数是1500克。

1000克=1千克，因此，答案是1千克500克。

与长度、体积的计算一样，质量的加减法也需要先换算成统一的单位。

$$400 \text{克} + 900 \text{克} = 1300 \text{克}$$
$$\downarrow$$
$$1 \text{千克} 300 \text{克}$$

$$1 \text{千克} 200 \text{克} - 500 \text{克} = 700 \text{克}$$

1千克200克可以看作是1千克和200克。
1千克=1000克，因此，
1200克 - 500克 = 700克

日常生活中，了解一些常见物品的质量，会给我们的生活增加便利。根据下面给出的物品的大概数值，我们能推测出相应的质量单位。

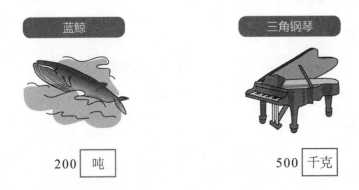

| 蓝鲸 | 三角钢琴 |
|---|---|
| 200 吨 | 500 千克 |

## 练习题 ● ● ● ● ● ● ● ● ● ● ● ● ● ● ● ● ● ● ● ● ● ● ● ● ● ● ●

**1.请完成下列计算。**

**❶** 500 克 + 300 克

**❷** 700 克 + 800 克

**❸** 900 克 – 400 克

**❹** 1千克600 克 – 700 克

**2.请在 ☐ 内填入恰当的单位。**

**❶** 非洲象的重量　　　　6000 ☐

**❷** 一台公交车的重量　　14 ☐

**❸** 1个鸡蛋的重量　　　　55 ☐

## 练习题答案 ||||||||||||||||||||||||||||||||||||||||||||||||

**1.答案**

**❶** 800克　　　　　　　　**❷** 1千克500克（1500克）

**❸** 500克　　　　　　　　**❹** 900克

**2.答案**

**❶** 千克　　　**❷** 吨　　　**❸** 克

114

第 **5** 章

# 变化与关系

# 表与柱状图

 问题

　　下面的图表，是张海和李可两人在周日各自测得的1小时内家门前通过的汽车数量。根据图表，张海得出结论："两人家门前通过的汽车数量相等。"他的结论正确吗？

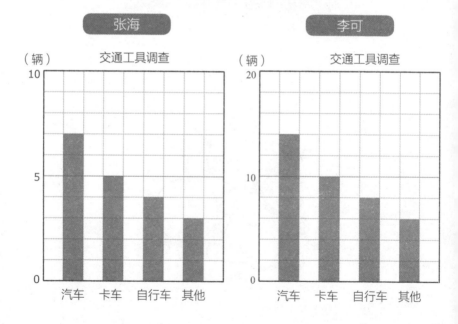

## 提 示

用柱形的长短来表示数值大小的图表，我们称之为柱形图。

从柱形图上可以轻而易举地看出哪个多哪个少。

张海统计的图表：

1个刻度代表1辆，汽车一共是7辆。

李可统计的图表：

1个刻度代表2辆，因此，汽车一共是14辆。

**答案**

张海的结论是错误的

柱形的高度虽然看起来一样，但是刻度的数值是不同的，因此，柱高所代表的数值也不同。

读柱状图的数据时，注意不要弄错每个刻度的数值。

下面3个柱状图，柱形看上去高度一致，但每个刻度的数值都不一样，因此读出的数据也不一样。

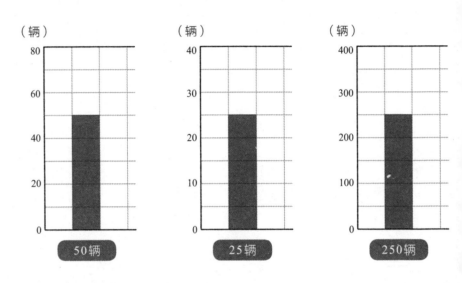

柱状图的读数

从纵轴和横轴的项目名称可以看出柱状图所表示的内容。

右侧的柱状图，从标题可以看出，这是关于"受欢迎的运动"的调查结果。

一个刻度表示一个人，最受欢迎的运动是篮球，有14个人选择。

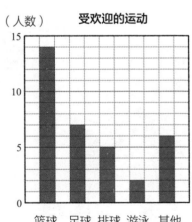

### 表格的读数

下表是针对三年级三个班学生喜欢的食物所做的调查。

**受欢迎的食物（三年级1班、2班、3班）**

（人）

| 食物清单 | 1班 | 2班 | 3班 | 合计 |
|---|---|---|---|---|
| 咖喱饭 | 8 | 10 | 9 | 27 |
| 面条 | 11 | 7 | 8 | 26 |
| 炖菜 | 5 | 5 | 3 | 13 |
| 汉堡 | 1 | 4 | 4 | 9 |
| 烤面包 | 7 | 3 | 7 | 17 |
| 炒饭 | 1 | 1 | 1 | 3 |
| 包子 | 1 | 1 | 2 | 4 |
| 水饺 | 1 | 0 | 0 | 1 |
| 合计 | 35 | 31 | 34 | 100 |

> 喜欢咖喱饭的人数，三个班加起来一共是27人

> 2班喜欢烤面包的人数是3人

> 1班、2班、3班所有参与统计的人数一共是100人，我们称作总计

总计的数值，无论横向相加还是纵向相加，都是这个数。

**横向** 35 + 31 + 34 = 100（人）

**纵向** 27 + 26 + 13 + 9 + 17 + 3 + 4 + 1 = 100（人）

上表显示，1班最受欢迎的食物是面条，但3年级3个班合在一起，最受欢迎的是咖喱饭。

> 做表的时候，要看看最后的总计数值是否一致。

练习题 • • • • • • • • • • • • • • • • • • • • • • • • • • • • • •

下表是关于受欢迎的零食的调查结果，请根据图表内容回答问题。

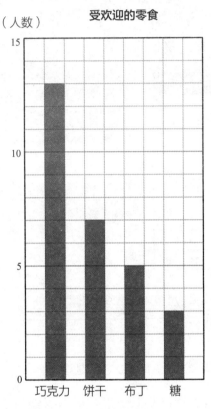

（人数） 受欢迎的零食

① 一个刻度表示多少人？

② 喜欢巧克力的有多少人？

③ 喜欢布丁的有多少人？

## 练习题答案 ||||||||||||||||||||||||||||||||||||||||||||||||||

**1** 答：1人 　　　　**2** 答：13人

**3** 答：5人

## 一生受用的图表知识

### 图表

除了柱状图，图表还有很多种，而且各有特点。

前面介绍的柱状图，方便我们读取数值的大小和数量的多少。根据柱形的长度，我们可以知道数量的多少，因此能够轻松地看出数量的差异。

后面要学习的折线图，可以清晰地显示出数量增加、减少的变化过程，还能看出变化是急剧还是缓慢。

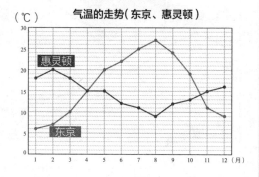

**柱状图**

（人数）受欢迎的零食

巧克力　饼干　布丁　糖

**折线图**

（℃）气温的走势（东京、惠灵顿）

惠灵顿

东京

# 第21节

# 折线图

**问题**

下图中显示的是东京(日本)和惠灵顿(新西兰)每月的气温。

通过两条折线,你能知道哪些信息?

气温的走势(东京、惠灵顿)

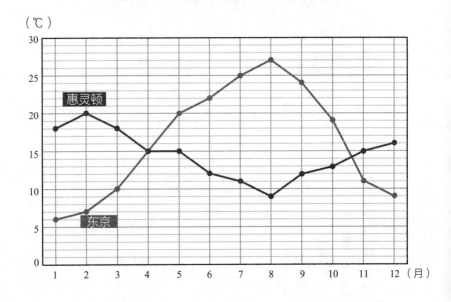

折线图中，从线条的倾斜度可以得知数据变化的情况。读取折线图的数据时，要特别注意局部的变化和整体的变化。

分析题目中的两条折线时，从整体上观察数据变化的特点是非常重要的。

根据图中东京(日本)和惠灵顿(新西兰)每月的气温数据，可以看出两地的气温走势正好相反。而现实上东京在北半球，惠灵顿在南半球，两地的正好相反的季节，也验证了图中温度的规律。

1月到8月，东京的气温是持续升高的，而2月到8月，惠灵顿的气温是持续下降的。

折线图主要呈现的是变化的过程。

与柱状图相比，折线图对于每月气温变化趋势的呈现更加直观，要想获知变化的特点，可以从直线的倾斜度上进行判断。

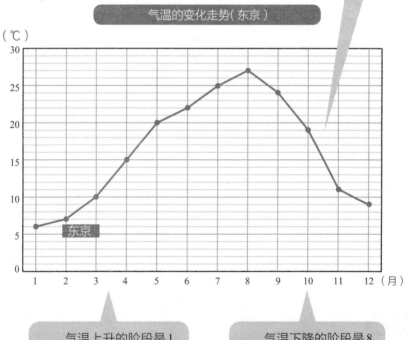

气温下降最快的是10月到11月

气温的变化走势（东京）

东京

气温上升的阶段是1月到8月

气温下降的阶段是8月到次年1月

有时，在一张图表中柱状图和折线图会同时存在。
下图中，折线图用来表示气温，柱状图用来表示降水量。

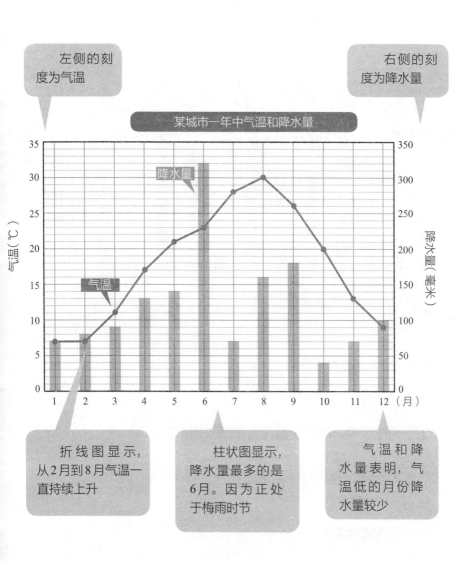

左侧的刻度为气温

右侧的刻度为降水量

某城市一年中气温和降水量

降水量

气温

折线图显示，从2月到8月气温一直持续上升

柱状图显示，降水量最多的是6月。因为正处于梅雨时节

气温和降水量表明，气温低的月份降水量较少

## 1.根据下表回答问题。

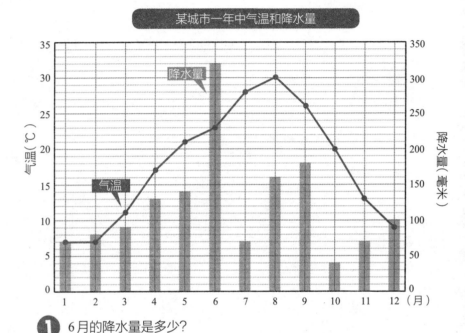

某城市一年中气温和降水量

① 6月的降水量是多少?

② 8月的气温是多少?

## 2.下列选项中,哪个适合用折线图来表示?

A. 对学校门前经过的交通工具的种类及数量的统计

B. 各省的蔬菜产量

C. 一天中的气温变化

**1.** ❶ 答：320毫米　　　　❷ 答：30℃

**2.** 答：C

## 一生受用的图表知识

### 比例图

与折线图相近的，还有比例图。

比例，有两个变量，一个变成2倍、3倍……另一个也跟随其变成2倍、3倍……

举个例子，1支钢笔50元，钢笔的数量与金额的关系如下图所示，数量变成2倍、3倍……金额也相应变成2倍、3倍……这就是呈比例关系。

如此一来，两个呈比例关系的变量在表中表现为一条从0点出发的直线。

| 数量（支） | 1 | 2 | 3 | 4 | 5 | 6 |
|---|---|---|---|---|---|---|
| 金额（元） | 50 | 100 | 150 | 200 | 250 | 300 |

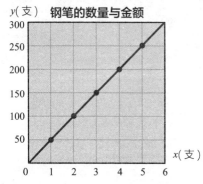

第22节
# 百分率

田田以80%的价格买到了原价12元的铅笔盒。希希花了10元买到了原价12元的铅笔盒。她俩谁花的钱更少?

## 提 示

题目中的80%是用百分率来表示的分率。

百分率是用来表示一个数占另一个数的百分之几的数，百分率是1的话就是100%。80%是0.8。

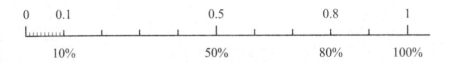

题目中，12元是标准量，它的80%是比较量。

比较量可以通过下列算式求得。

### 比较量 = 标准量 × 百分率

 答 案

田田

| 标准量 | 比较量 |
|---|---|
| 12 元 | 12 元的 80%的金额 |

$12 \times 0.8 = 9.6(元)$

由此得出，田田买铅笔盒花了9.6元。

## 重点详解

量与量的关系可以用倍数、分数、百分数来表示。

2倍、3倍这种用整数表示的，1.5倍、0.5倍这种用小数表示的，150%、100%、50%这种用百分率表示的，5成、8成这种用比率表示的，这些都是表示量与量之间的关系的。

150%、100%、50%，可以用整数和小数表示成1.5、1、0.5；5成、8成，用小数可以表示成0.5、0.8。

★ 百分率的求法

> 百分率＝比较量 ÷ 标准量 ×100%

读书社团的规定人数是50人，目前想要加入该社团的有30人。

以50人为标准量，求30人的分率。

50人是标准量

30人是比较量

百分率　$30 \div 50 \times 100\% = 60\%$

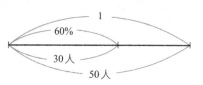

★ 比较量的求法

> 比较量＝标准量 × 百分率

音乐社团的规定人数是20人，目前想要加入该社团的人数是规定人数的250%倍。

以规定人数20人为标准量，求想要加入的人的数量。

20人是标准量

250%是百分率

比较量　$20 \times 250\% = 50$（人）

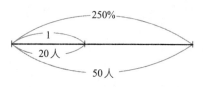

标准量的求法，可以用公式，也可以使用 [____] 进行求解。

★ 用公式求解

## 标准量 = 比较量 ÷ 百分率

想要加入羽毛球社团的有30人，是该社团规定人数的150%倍。
求该社团的规定人数。

标准量——羽毛球社团的规定人数
比较量——想要加入羽毛球社团的人数
百分率——150%倍

**标准量**

$30 \div 150\% = 20$（人）

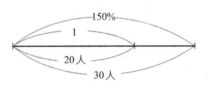

★ 用 [____] 求解

设标准量为 [____] 人。

比较量=标准量×分率，因此

[____] $\times 150\% = 30$

[____] $= 30 \div 150\%$

$= 20$（人）

**1** 100元的颜料套装, 以原价70%的价格买下。实际支付多少钱?

**2** 5000米²的公园里有2000米²的体育场。体育场的面积占公园面积的百分之多少?

**3** 船上有90人, 是规定人数的60%, 规定人数是多少?

**❶答：** 70元

70%的分率用小数表示是0.7，等于100元的颜料套装（标准量）用0.7倍的价格买下，100×0.7=70（元），即70元。

**❷答：** 40%

公园的面积是标准量，体育场的面积是比较量，体育场的分率，2000÷5000=0.4，0.4换算成百分率，是40%。

**❸答：** 150人

这道题求的是规定人数这个标准量。船上的现有人数90是比较量。90人是规定人数的60%，60%换算成小数是0.6，规定人数是90÷0.6=150（人）。

## 第23节

# 单位量的平均值

 **问 题**

商店有两种盒装的手帕在售。A盒，10条手帕78元；

B盒，15条手帕120元。哪种盒里的手帕更便宜？

假如 A 盒和 B 盒里的手帕数量相等，那么比较总价就能知道哪种手帕更便宜。

| A | B |
|---|---|
| 5 条 50 元 | 5 条 60 元 |

A 更便宜！

假如总金额一样，那么手帕数量多的那种更便宜。

| A | B |
|---|---|
| 100 元 10 条 | 100 元 20 条 |

B 更便宜！

题目中，A 和 B 两种手帕的数量和总价都不一样，因此需要计算出每盒中单条手帕的价格。

A盒的手帕更便宜

**A盒** $78 \div 10 = 7.8$（元）

每条手帕的价格是7.8元。

**B盒** $120 \div 15 = 8$（元）

每条手帕的价格是8元。

哥哥和弟弟的体重相比,求两人的体重相差多少。

两人的体重相差7千克。

如第134页的题目所示,比较A和B两种手帕哪种更便宜,不仅仅是单纯地比较金额的大小,需要同时考虑"价格"和"数量"两个因素。

这时,需要先将其中一个量的值统一,再进行比较。但如果能求出"一条手帕的价格"这种单位量的平均值,问题则迎刃而解。

★ 用求单位量的平均值的方法,比较两块田地收获大米的重量。

|  | 面积（米²） | 收获的重量（千克） |
|---|---|---|
| A | 1200 | 600 |
| B | 1500 | 720 |

平均1平方米收获大米的重量

A    $600 \div 1200 = 0.5$（千克/米²）

B    $720 \div 1500 = 0.48$（千克/米²）

比较两块田地平均1米²收获的大米的重量,A田地大米的产量更高。

★ 用求单位量的平均值的方法，比较平均消耗1L 汽油两种汽车的行驶距离。

| | 行驶距离<br>（米²） | 汽油的<br>消耗量（升） |
|---|---|---|
| A | 150 | 30 |
| B | 360 | 45 |

1L汽油能行驶的距离

A $\quad 150 \div 30 = 5$（千米）

B $\quad 360 \div 45 = 8$（千米）

同样消耗1升汽油，两车相比，B汽车行驶的距离更远。

还有一种方法，同样行驶1千米的路程，比较哪种汽车消耗的汽油少。

A $\quad 30 \div 150 = 0.2$（升）

B $\quad 45 \div 360 = 0.125$（升）

由此可见，同样行驶1千米的路程，两车相比，B种汽车消耗的汽油少。

• • • • • • • • • • • • • • • • • • • • • • • • • • • • • • • •

**1** 下表是两个鸡舍的面积和鸡的数量的统计数据。哪个鸡舍单位面积的鸡更多？

|  | 面积（米²） | 鸡的数量（只） |
|---|---|---|
| A | 16 | 12 |
| B | 20 | 16 |

**2** 6个苹果是54元，4个梨是38元。哪种水果的单价更低？

**3** 下表是两个小学的学生数量和操场面积的统计数据。操场的人均面积更大的是哪个小学？

|  | 面积（米²） | 人数（人） |
|---|---|---|
| A | 3600 | 360 |
| B | 5040 | 560 |

**❶** 答：B鸡舍

> **A** $12 \div 16 = 0.75$（只）　　**B** $16 \div 20 = 0.8$（只）

平均1平方米鸡的数量，A是0.75只，B是0.8只，B鸡舍单位面积的鸡的数量更多。

**❷** 答：苹果

> **苹果** $54 \div 6 = 9$（元）　　**梨** $38 \div 4 = 9.5$（元）

一个水果的单价，苹果是9元，梨是9.5元。
苹果的单价更低。

**❸** 答：A小学

> **A** $3600 \div 360 = 10$（米$^2$）　　**B** $5040 \div 560 = 9$（米$^2$）

操场的人均面积，A是10米$^2$，B是9米$^2$，A小学的操场的人均面积更大。

---

### 一生受用的单位量知识

### 人口密度

人口密度是指平均1千米$^2$内的人口数量。

与本节前面所学的单位量平均值的求法一样，求出单位面积的人数，就可以得出人口密度的值。

第24节

# 速度

　　尤塞恩·博尔特被称为"全球最快的人"，他跑100米只需9.58秒。高速铁路的时速是250千米。博尔特和高铁，哪个更快？

高速铁路的时速是250千米，也就是说平均1小时可以行驶250千米。

分速　指平均1分钟行进的路程。

秒速　指平均1秒钟行进的路程。

比较速度时，可以比较1秒钟行进的路程，也可以比较行进1米的路程所花费的时间，这两种比较单位量平均值的方法都可以。

比较博尔特和高铁的速度，应先将博尔特的速度换算成与高铁时速相同的单位。

或将高铁的时速换算成秒速再比较。

高速铁路

博尔特跑100米用时9.58秒，平均每秒行进的路程是：

秒速　100米÷9.58秒＝10.43…米/秒

即平均每秒行进的路程约10.4米

换算成分速

分速　10.4米/秒×60秒÷1分＝624米/分

即平均每分钟行进的路程约624米

换算成时速

时速　624米/秒×60分÷1小时＝37440米/时

即平均每小时行进的路程约37440米→约37千米

## 重 点 详 解 ||||||||||||||||||||||||||||||||||||||||||||||||||||||||||||||||

★ 速度的求法

速度是指单位时间内行进的距离。

> 速度 = 路程 ÷ 时间

游隼被公认为飞得最快的鸟，假设游隼 2 小时可以飞 650 千米，

**速度是 $650 ÷ 2 = 325$（千米 / 时）**

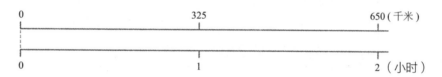

★ 路程的求法

已知速度，可以按以下公式求出路程。

> 路程 = 速度 × 时间

猎豹奔跑的速度可以达到 120 千米 / 时。

猎豹 3 小时可以奔跑的路程是，

$120 × 3 = 360$（千米）

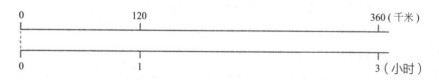

★ 时间的求法

## 时间 = 路程 ÷ 速度

世界上游得最快的鱼是旗鱼,它在水中的速度可以达到110千米/时。
行进550千米需要的时间是,

$$550 \div 110 = 5(\text{小时})$$

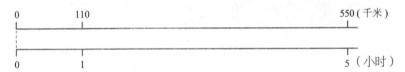

★ 时速、分速、秒速

时速、分速、秒速也是速度的一种表达方式,指物体在1小时、1分钟、1秒钟内的运行距离。

据了解,喷嚏的秒速是83米/秒。

**喷嚏的分速是** $83 \times 60 = 4980(\text{米}/\text{分})$

**时速是** $4980 \times 60 = 298800(\text{米}/\text{时})$

> 喷嚏的时速能达到298.8千米/时哦。

要比较时速和秒速这两种速度,应先换算成相同单位的速度,再进行比较。

比较秒速是250米/秒的飞机和时速是35千米/时的公交车的速度,先将飞机的秒速换算成时速。

秒速250米/秒→250米/秒 ×60秒/分＝15000米/分→15千米

分速15千米/分→15千米/分 ×60分/时＝900千米/时

由此可知,飞机的时速是900千米/时,这样就可以和公交车进行比较了。

• • • • • • • • • • • • • • • • • • • • • • • • • • • • • • • •

1.长颈鹿、狮子和非洲象，哪种动物速度最快？求出秒速，进行比较。

|  | 路程（米） | 时间（秒） |
|---|---|---|
| 长颈鹿 | 160 | 10 |
| 狮子 | 120 | 8 |
| 非洲象 | 77 | 7 |

2.求出下列速度、时间和路程。

❶ 求2小时内行进156千米的虎鲸的分速。

❷ 求秒速是8千米的火箭行驶4800千米的时间。

❸ 求时速是60千米的汽车行驶4小时的路程。

144

**1.** 长颈鹿

求出每种动物的速度，然后进行比较。

长颈鹿：160÷10=16（米/秒） 速度是16（米/秒）

狮子：120÷8=15（米/秒） 秒速是15（米/秒）

非洲象：77÷7=11（米/秒） 秒速是11（米/秒）

**2.答案**

❶答：分速是1.3千米（或1300米）

2小时内行进156千米，时速是156÷2=78（千米/时）

将时速78千米换算成分速，78÷60=1.3（千米/分）

❷答：10分钟

4800÷8=600（秒） 行驶4800千米需要600秒。

600秒换算成分钟，600÷60=10（分）

❸答：240千米

1小时行驶60千米，4小时行驶60×4=240（千米）

---

**一生受用的速度知识**

**距离车站的时间**

广告中经常能看到"距离车站10分钟路程"这样的宣传语，人步行的速度按分速80米/分来计算,换算成时速是4.8千米/时。汽车的分速是400米，时速是24千米。

汽车的时速24千米是很缓慢的速度了，但人以4.8千米的时速步行是相当快的。

# 比

**问题**

用醋和色拉油做成调味汁。

二者的比例按3:5调制正好，阿卡用了3小勺醋和5小勺色拉油，小植用了30毫升醋和5倍于醋的色拉油150毫升。谁的方法是对的？

## 提示

以醋和色拉油 3 : 5 的比例调制调味料最佳。

阿卡使用的醋和色拉油的量如图所示。

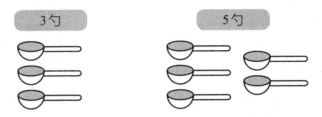

可以将醋的量看成 3，将色拉油的量看成 5，二者的比例正是 3 : 5。

小植使用的醋和色拉油的量如图所示。

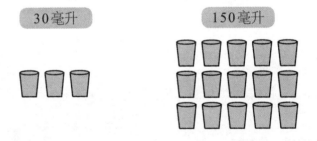

将醋的量看成 3，色拉油的量则为 15，二者的比例为 3 : 15。
小植的做法是不对的。

这个调味汁太油腻啦！

## 答案

阿卡的做法是正确的

## 重 点 详 解 ||||||||||||||||||||||||||||||||||||||||||||||||||||||||||||||||

### ★ 求比和比值

有 10 颗糖果和 20 颗巧克力，二
者数量的比是

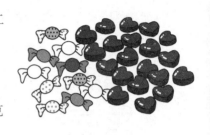

$$10:20$$

这种表达形式叫作"糖果与巧克
力的数量的比"。

求糖果的数量是巧克力数量的多少倍，

$$10 \div 20 = \frac{1}{2} \qquad \frac{1}{2} \ 倍$$

这个 $\frac{1}{2}$，叫作 10：20 的比值，10：20 的比值，是 10 被 20 除后的商。
另外，$\frac{1}{2}$ =0.5，比值可以用小数来表示。

### ★ 简化比

下面两台电视机的尺寸不同，但长和宽的比是相等的。

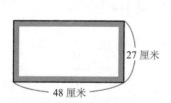

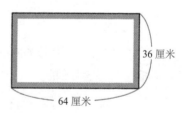

两个数均被3除，
$$27:48 = 9:16$$

两个数均被4除，
$$36:64 = 9:16$$

由此可知，保持比不变，缩小成最小的整数比，这个过程叫作简
化比。

用分数和小数来表示比的时候，也可以进行简化。

**用小数表示的比**

$$1.2 : 0.9$$

$1.2 : 0.9 = ( 1.2 \times 10 ) : ( 0.9 \times 10 )$　　◁ 变成10倍

$\qquad\qquad = 12 : 9$　　◁ 被最大公约数3除

$\qquad\qquad = 4 : 3$

**用分数表示的比**

通分

$$\frac{3}{4} : \frac{5}{6}$$

$\dfrac{3}{4} : \dfrac{5}{6} = \dfrac{9}{12} : \dfrac{10}{12} = 9 : 10$

★ 按照一定的比例分割总长度

小优和小西两人分一根长600厘米的丝带。小优和小西分得的丝带长度的比是 $3 : 2$，按照以下方法可以求出两人分别分得的丝带的长度。

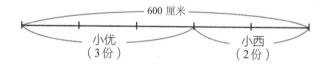

丝带总长度分成3份和2份，合计是5份，

小优分得的丝带的长度占丝带总长度的 $\dfrac{3}{5}$，

$600 \times \dfrac{3}{5} = 360$（厘米）　答：小优分得的丝带的长度为360厘米。

小西分得的丝带的长度占丝带总长度的 $\dfrac{2}{5}$，

$600 \times \dfrac{2}{5} = 240$（厘米）　答：小西分得的丝带长度为240厘米。

**练 习 题** ••••••••••••••••••••••••••••••••••••••

**求下列比的简化比。**

**1** 15 : 6

**2** 0.8 : 2.8

**3** $\dfrac{2}{3}$ : $\dfrac{4}{5}$

**练 习 题 答 案** ||||||||||||||||||||||||||||||||||||||||||||||

**1** 5:2

双方被3除，15:6＝5:2

**2** 2:7

0.8:2.8 = 8:28 = 2:7

**3** 5:6

通分之后，

$$\frac{2}{3} : \frac{4}{5} = \frac{10}{15} : \frac{12}{15}$$

$$= 10:12$$

$$= 5:6$$

# 第 6 章

## 数的活用

第26节

# 平均数

**问 题**

一家人去捡板栗。爸爸和妈妈各捡了85个，小娜捡了62个，弟弟捡了56个。4个人平均每人捡了多少个板栗？

152

## 提 示

平均数是指在一组数中将每一份平均分配得出的数值。

在我们日常生活中，经常遇到这些说法：平均气温、平均年龄、平均分、平均速度等。

求平均数，是将所有数求和再除以数的个数。

> 平均数=所有数之和÷个数（人数）

72个

做这道题，先要求出所有板栗之和。

4个人一共捡到的板栗的数量是：

$85 + 85 + 62 + 56 = 288$（个）

人数是4人，

平均数：$288 \div 4 = 72$（个）

平均每人捡到72个。

可以试着比较一下超市卖的板栗的价格和自己捡板栗所支出的金额，很有意思哦！

★ 求平均数

下列数值是某少年棒球队近期6次比赛的得分。

$$2, \quad 0, \quad 4, \quad 5, \quad 1, \quad 3$$

6次比赛的平均得分是，

（2 + 0 + 4 + 5 + 1 + 3）÷ 6 = 2.5（分）

棒球比赛的单场得分不能用小数表示，但平均数可以是小数。

另外，求平均得分时，得0分的比赛也要计算到比赛场次里面哦。

我们队的平均得分是
2.5分，所以很厉害喽!

★ 根据平均数推算总量

一天平均跑 3 千米的人，一个月（ 按 31 天计算 ）能跑的路程是，

3 × 31 = 93（千米）

像这样利用平均数，可以预测总数。

★ 用自己的步幅计算路程

已知自己的步幅后，利用步数，即可求出很多距离。

但是，1 步的长度不是固定不变的，因此，先要求出步幅的平均数。

下表中，小植每走 10 步记录一次，一共走了 4 次。

| 次数 | 1 | 2 | 3 | 4 |
|---|---|---|---|---|
| 10步的距离 | 6米28厘米 | 6米26厘米 | 6米30厘米 | 6米32厘米 |

6米28厘米换算成米，是6.28米。

（6.28＋6.26＋6.30＋6.32）÷4＝6.29(米)

6.29÷10＝0.629(米)

可以得出，小植步幅的平均数约为0.63米。

从家到学校要走 800步，0.63×800=504 （米），大约是500 米。

## 一生受用的平均数知识

### 力求准确的平均数的求法

下表是对小卡的步幅的计量结果。

| 次数 | 1 | 2 | 3 | 4 |
|---|---|---|---|---|
| 10步的距离 | 6米42厘米 | 3米28厘米 | 6米41厘米 | 6米43厘米 |

第二次测量的数值和其他数值相比，差距非常大，这种数值被称作异常值。可能是数错了步数等原因导致的。为了确保平均值的准确性，需要剔除第二次测量的数据，以剩下的其他数据为准进行计算。

**1** 小塔家每天产生600克的不可回收垃圾，1年（按365天计算）能产生多少千克不可回收垃圾的？

**2** 下列数值是3个人跑50米的时间记录。3个人花费的平均时间是几秒？

9.3秒， 9.4秒， 9.2秒

**3** 小马用脚步测出到妈妈家的距离是850步，他的步幅大约0.56米。到他妈妈家的距离有多少米？

**练习题答案** ||||||||||||||||||||||||||||||||||||||||||||||||||||||||||||||||

**1** 答：219千米

一年按365天计算，
$600 \times 365 = 219000$（克）      $219000$克 $= 219$（千克）

**2** 答：9.3秒

$9.3 + 9.4 + 9.2 = 27.9$（秒）      $27.9 \div 3 = 9.3$（秒）

**3** 答：约476米

$0.56 \times 850 = 476$（米）

# 第 7 章

## 应用题

# 第27节
# 估算

问题

准备购买郊游需要的零食。预算一共50元。小关估算了一下，决定购买以下三种商品。他的做法正确吗？

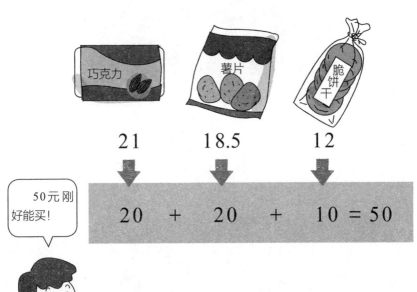

巧克力    薯片    脆饼干

21    18.5    12

20  +  20  +  10 = 50

50元 刚好能买！

158

## 提 示

买东西时，我们有时不需要精确到个位，而是考虑大概需要花多少钱。这种预测大概金额的过程叫作估算。

用概数表示大概的金额时，可以使用我们讲过的四舍五入的方法。

不过，题目中小关采用的这种四舍五入的方法，计算出来的结果少于实际金额，这是不对的。

通过下表很容易看出，四舍五入后的结果，巧克力和脆饼干都比实际的价格低，估算的最终价格不足以支付实际的金额。

要想估算 50 元够不够，不应选择四舍五入，应该将每个商品的价格都进到十位。

|  | 四舍五入（元） | 实际的价格（元） | 进到十位的金额（元） |
|---|---|---|---|
| 巧克力 | 20 | 21 | 30 |
| 薯片 | 20 | 18.5 | 20 |
| 脆饼干 | 10 | 12 | 20 |
| 合计 | 50 | 51.5 | 70 |

小关的做法是错误的

买东西等场合，对于金额的估算，应遵循以下思路。

★ 想知道大概的总价是多少

将商品的价格四舍五入，用概数表示。

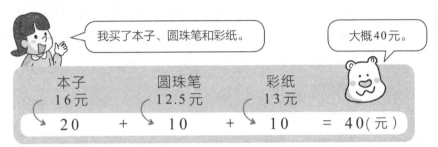

★ 想知道带的钱够不够支付

将商品的价格进上去，然后进行估算。

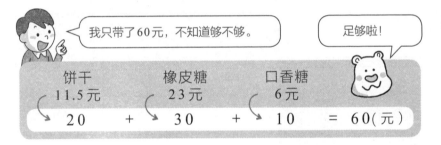

★ 想知道总金额是否超过了预算

将商品的价格舍去零头进行估算。

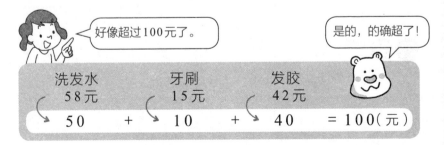

**练习题** ● ● ● ● ● ● ● ● ● ● ● ● ● ● ● ● ● ● ● ● ● ● ● ● ● ● ● ● ● ● ● ● ●

**1** 带了100元去购物。估算一下是否足够购买下列商品。

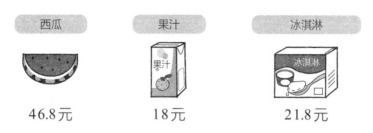

| 西瓜 | 果汁 | 冰淇淋 |
|---|---|---|
| 46.8元 | 18元 | 21.8元 |

**2** 购买14元的泡芙和38元的小蛋糕，付了100元，大概会找回多少钱？

**练习题答案** ||||||||||||||||||||||||||||||||||||||||||||||||||||||||||

**❶答**：可以买

将商品的价格进上去，

```
      46.8元          18元          21.8元
        50      +      20      +      30      = 100（元）
```

进上去的概数合计是100元，高于实际金额。实际的准确金额
应该是：
46.8＋18＋21.8＝86.6（元）

**❷答**：50元

将十位数四舍五入后，估算出找回的零钱。
14（元）→10（元）      38（元）→40（元）
100－（10＋40）＝50（元）
实际的准确金额应该是：
100－（14＋38）＝48（元）

# 倍数

问 题

　　小优的爷爷今年90岁了，是小优爸爸年龄的2倍。小优爸爸的年龄是小优的3倍。请问小优今年多大？

## 提 示

**方法 ❶** 顺序求解法

先求出爸爸的年龄，然后再求小优的年龄。

爷爷的年龄是爸爸的2倍，因此

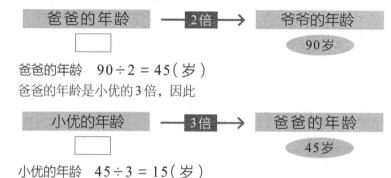

爸爸的年龄　90÷2 = 45（岁）

爸爸的年龄是小优的3倍，因此

小优的年龄　45÷3 = 15（岁）

**方法 ❷** 合在一起计算总的倍数

想一想爷爷的年龄是小优的几倍。画出下列关系图，就能明白爷爷、爸爸和小优年龄的倍数关系。

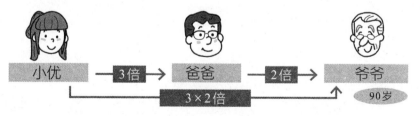

爷爷的年龄是小优年龄的3×2倍，也就是6倍。

因此，小优的年龄　90÷6 = 15（岁）

**答案**

15岁

**重点详解** ||||||||||||||||||||||||||||||||||||||||||||||||||||||||||||

做应用题时，用图表将题干中告诉我们的各个量之间的关系表示出来，整理出我们已知的量和可以求得的量，我们就能知道如何得到答案。

以下面的应用题为例。

> 公寓的高度是120米，是超市高度的5倍。超市的高度是小高家房子的4倍。请问小高家的房子有多高？

★ 用绘图法来表示

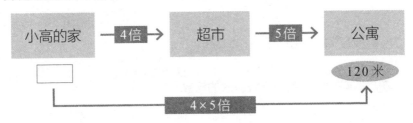

★ 合在一起计算总的倍数

想一想，公寓的高度是小高家房子的几倍。

公寓的高度是小高家房子的
4×5倍，也就是20倍。

小高家房子的高度：
120÷20＝6（米）　答案是6米。

## 练习题 ••••••••••••••••••••••••••••••••••••

**1** 有袋装、瓶装和盒装三种包装的巧克力。盒装的里面有64块巧克力，是瓶装的4倍。瓶装巧克力的数量是袋装的2倍。请问袋装的有多少块巧克力？

  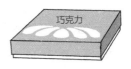

**2** 草莓蛋糕的价格是48元，是泡芙价格的3倍，泡芙的价格是饼干的4倍。问饼干多少钱？

## 练习题答案 ||||||||||||||||||||||||||||||||||||||||||

**1** 答：8块

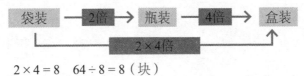

$2 \times 4 = 8$   $64 \div 8 = 8$（块）

**2** 答：4元

$4 \times 3 = 12$   $48 \div 12 = 4$（元）

## 第29节

# 产量

问 题

　　下图是对某地各个果园的苹果产量的统计，用带状图来表示。

　　2016年该地苹果的产量是765000吨，按76万吨算的话，A果园的苹果产量是多少？

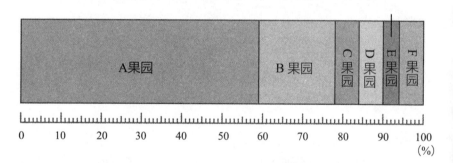

某地各果园的苹果产量的占比（2016年度）

## 提 示

上页的这种带状的图表，我们称之为带状图。带状图全部用长方形来表示，各个部分的占比用直线上的刻度来呈现。

从带状图中可以看出A果园的苹果产量，约占59%。

A果园的苹果产量，就是该地苹果总产量76万吨的59%。

59%用小数表示，即0.59。

总产量（标准量）是76万吨，因此

A 果园的苹果产量（比较量）
= 该地苹果总产量（标准量）× 占比

 答 案

约45万吨

$76 × 0.59 = 44.84$（万吨）

44.84万吨 → 将千位四舍五入取概数，约45万吨。

# 重点详解 ||||||||||||||||||||||||||||||||||||||||||||

数据统计的图表类型，有柱状图、折线图、带状图、饼状图等。

日常生活中我们常常接触到的除了产量之外，还有人口比例的变化、渔业的生产额等以及与国土相关的各种数据信息，这些信息都是以图表的形式呈现出来的。

饼状图，整体上看就是一个圆形，用半径将各个部分区隔开来，呈现出占比的多少。饼状图是从正上方向右顺时针旋转，各部分的占比按从大到小排序；带状图则从左到右，各部分的占比（百分率）按从大到小的顺序排列。

"其他"的部分则不按大小排序，始终放在最后面。

带状图和饼状图可以清晰地呈现出整体和部分、部分和部分之间的比例。

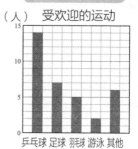

柱状图

（人）受欢迎的运动

折线图

（℃）气温的变化走势（东京、惠灵顿）

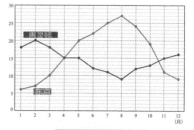

带状图

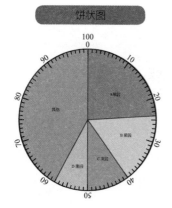

饼状图

该地各果园葡萄产量的占比
（2016年度）

该地葡萄产量约18万吨，求C果园的产量。

$18 × 0.1 = 1.8$（万吨）

约2万吨。

······························

下面的带状图表示的是某地各果园柑橘的产量和占比。

2016 年度某地柑橘的产量是 805100 吨。

A 果园柑橘的产量占全国的百分比是多少?

另外，A 果园柑橘的产量约为多少万吨? 该地柑橘的产量按 81 万吨计算。

某地各果园柑橘产量的占比(2016 年度)

| A 果园 | B 果园 | C 果园 | D果园 | E果园 | F果园 | 其他 |
|---|---|---|---|---|---|---|

0　　10　　20　　30　　40　　50　　60　　70　　80　　90　　100 (%)

练习题答案 ||||||||||||||||||||||||||||||||||||||||||||||||||||||||

20%，约16万吨
可以套用以下公式求解:

## 比较量 = 标准量 × 百分率

20%用小数表示，是0.2。
总产量（标准量）是81万吨，因此
81 × 0.2=16.2（万吨）
16.2万吨→将千位数四舍五入，
约16万吨。

第30节

# 分数

**问题**

制作塑料飞机模型。模型的大小是实物的 $\dfrac{1}{350}$，实物全长126米，模型的长度是多少？

## 提 示

先想一想，$\dfrac{1}{350}$ 和126（米）这两个数字分别代表什么。

$\dfrac{1}{350}$ ——飞机模型的大小是实物的多少倍。

126（米）——实物的全长。

要求的是飞机模型的长度，可以用关系图来表示：

实物的全长 ——— $\dfrac{1}{350}$ 倍 ——→ 飞机模型的长度

126米

实物的长度 × 实物的倍数 = 飞机模型的长度

 **答案**

0.36米

飞机模型的长度是，

$$126 \times \dfrac{1}{350} = 0.36（米）$$

分数的倍数和整数的倍数的处理方式是一样的。

## 重 点 详 解 ||||||||||||||||||||||||||||||||||||||||||||||||||||||||||||||

　　为了正确理解每个数字所代表的含义，知道它们彼此之间有着怎样的联系，画出下面这种关系图是重要的一步。

**❶** 某地的面积约378000米$^2$，其中 A 县的面积约为该地总面积的 $\frac{1}{156}$。求 A 县的面积。

用图来表示，

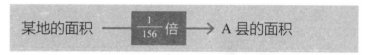

某地的总面积的 $\frac{1}{156}$ 是 A 县的面积，因此

$$378000 \times \frac{1}{156} = 2423.07\cdots（米^2）$$

约2423 米$^2$

**❷** 向水槽内注入300升水。向水壶里灌入$\frac{4}{5}$升水。求水槽里的水量是壶里水量的几倍。

用图来表示，

求水槽里的水量是壶里水量的几倍，

$$300 \div \frac{4}{5} = 375 \qquad 375倍$$

••••••••••••••••••••••••••••••••••

**1** 李海的学校有一个实物模型。模型的大小是实物的 $\frac{1}{160}$。
实物高54.8米。求模型的高度是多少厘米?

**2** 刘娜所在的城市年降水量是2700毫米。昨天,1小时内下了
$\frac{3}{4}$ 毫米的雨。求该市年降水量是昨天1小时内降水量的多
少倍。

**练习题答案** ||||||||||||||||||||||||||||||||||||||||||||||||||||||||||||||

**①**答:34.25厘米

54.8 米 = 5480 厘米

$5480 \times \frac{1}{160} = 34.25($ 厘米 $)$

**②**答:3600倍

$2700 \div \frac{3}{4} = 3600$

# 组合

## 问题

小青一家人出去吃饭。点餐时，需要分别从A菜单中选出主食，从B菜单中选出甜点，从C菜单中选出饮料。请问，主食、甜点、饮料的搭配方法，一共有多少种？

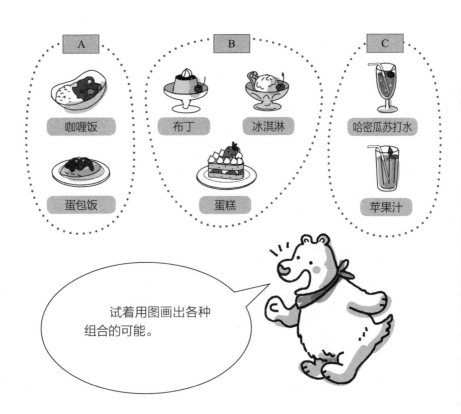

试着用图画出各种组合的可能。

## 提 示

选定每个菜单里的食物的方法，可以先从 A 开始按顺序选择。

先从 A 菜单中选择咖喱饭，接下来，B 菜单的选择方法有三种，布丁、冰淇淋或蛋糕。

假如选择布丁，那么 C 菜单还有两种选择。

12种

画出下图，可以避免漏数和重复计数。

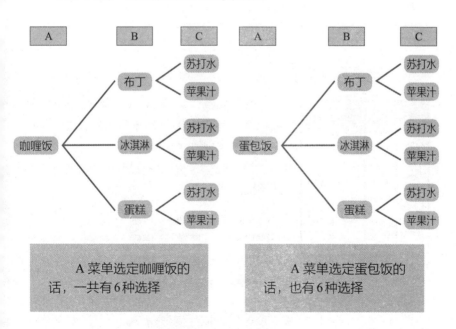

计算组合方式的时候，充分利用图表进行分析会更容易一些。

★ 画一个表格理顺思路①

A、B、C、D 四支队伍参加足球比赛。每支队伍都会和另外三支队伍分别进行一次比赛。一共需要进行多少场比赛？

|   | A | B | C | D |
|---|---|---|---|---|
| A |   | ○ | ○ | ○ |
| B |   |   | ○ | ○ |
| C |   |   |   | ○ |
| D |   |   |   |   |

可以先画出左侧这种表格，梳理比赛双方的队伍。可以直接在表中数出斜线右上方画○的组合。

(A—B) (A—C) (A—D)
(B—C) (B—D)
(C—D)

一共需要进行6场比赛

★ 画一个表格理顺思路②

| 巧克力 | 草莓 | 香蕉 | 坚果 |
|---|---|---|---|
| ○ | ○ | ○ |   |
| ○ | ○ |   | ○ |
| ○ |   | ○ | ○ |
|   | ○ | ○ | ○ |

有巧克力、草莓、香蕉、坚果4种口味的冰淇淋。要从其中选择3种口味装到盒子里。一共有多少种组合方式？

将所有组合用○标注出来，整理出左侧表格的形式。

（巧克力 — 草莓 — 香蕉）
（巧克力 — 草莓 — 坚果）
（巧克力 — 香蕉 — 坚果）
（草莓 — 香蕉 — 坚果）

一共4种组合方式

## 练习题 ••••••••••••••••••••••••••••••••••••••

从A、B、C中各选一个，做成三明治。请问可以做出多少种三明治？

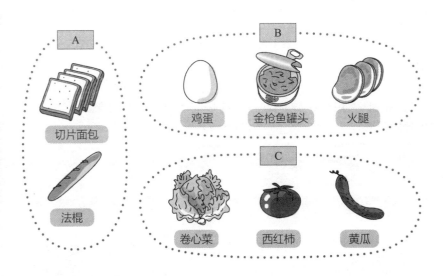

## 练习题答案 ||||||||||||||||||||||||||||||||||||||||||||||||||||||||||

18种

# 知识点总结

本节针对前面介绍过的重要知识点做一个概括。

## 偶数、奇数

- 偶数……可以被2除的整数（0，2，4，…）
- 奇数……不能被2除的整数（1，3，5，…）

## 倒数

- 两个数相乘的积是 1，这时我们就说其中一个数是另一个数的倒数。
- 分数的倒数，就是将该分数的分母和分子颠倒过来。

$$\frac{b}{a} \quad\quad \frac{a}{b}$$

## 相等的分数、约分、通分

- 分母和分子同时乘以或除以相同的数，分数的大小不变。

- 约分时，分母和分子同时除以公约数。

$$\frac{\overset{3}{\cancel{12}}}{\underset{4}{\cancel{16}}} = \frac{3}{4}$$

- 对几个分数进行通分，将所有分母的公倍数变成分母。

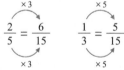

## 分数的计算

- 分母不同的分数的加法和减法，先进行通分。

- 分数乘以整数，分母不变，用分子与该整数相乘。

$$\frac{\bullet}{\blacksquare} \times \blacktriangle = \frac{\bullet \times \blacktriangle}{\blacksquare}$$

- 分数除以整数，分子不变，分母与该整数相乘。

178

## 分数的乘法、除法

- 分数的乘法运算，分别各自相乘——分母乘以分母，分子乘以分子。
- 分数的除法运算，相当于乘以除数的倒数。

$$\frac{b}{a} \times \frac{d}{c} = \frac{b \times d}{a \times c} \qquad \frac{b}{a} \div \frac{d}{c} = \frac{b}{a} \times \frac{c}{d}$$

## 百分率

- 分率＝比较量÷标准量×100%
- 比较量＝标准量×百分率
- 标准量＝比较量÷百分率

## 速度

- 速度＝路程÷时间　●路程＝速度×时间　●时间＝路程÷速度

## 放大、缩小

- 放大后的图形被称作放大图；缩小后的图形被称作缩小图。

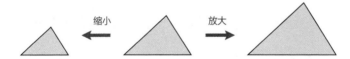

缩小　放大

## 面积和体积的计算公式

- 长方形的面积＝长×宽
- 正方形的面积＝边长×边长
- 三角形的面积＝底边×高÷2
- 平行四边形的面积＝底边×高
- 梯形的面积＝（上底＋下底）×高÷2
- 菱形的面积＝对角线×对角线÷2
- 长方体的体积＝长×宽×高
- 立方体的体积＝边长×边长×边长

## 轴对称、点对称

- 轴对称图形中，对称轴两侧相对的点连成的直线，与对称轴垂直相交；而且，相交的这个点到两个相对的点的距离相等。
- 点对称图形中，中心点两侧对应的两个点连成的直线始终通过中心；而且，中心点到这两个点的距离相等。

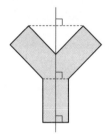 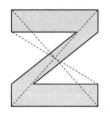